实 用
自救互救与安全知识手册

（第二版）

主　编　朱小丽

Chain of survival

科　学　出　版　社

北　京

内 容 简 介

本手册共分五个部分，用图文并茂的方式，详细介绍了日常生活中常用的自救与互救技术、常见突发事件和疾病的应急救护要点及相关安全知识，指导民众在日常生活中如遇到自然灾害、意外伤害、突发事件而救援人员未到达现场时，作为“第一目击者”应该采取何种急救措施和应对方法。手册内容丰富、贴近实际、通俗易懂，编排格式简洁明了，其中的心肺复苏、“海姆立克”急救法等有很强的实用性和指导性，对提高广大民众的自救互救能力有很大帮助。

本手册不仅可以作为医疗单位和相关机构的学习培训教材，也可作为社区、学校、公司等相关单位学习相关知识的参考书。

图书在版编目(CIP)数据

实用自救互救与安全知识手册/朱小丽主编. —2版. —北京：科学出版社，2022.9

ISBN 978-7-03-072647-6

Ⅰ. ①实… Ⅱ. ①朱… Ⅲ. ①自救互救—手册 Ⅳ. ①X4-62

中国版本图书馆CIP数据核字(2022)第113314号

责任编辑：程晓红 / 责任校对：张 娟
责任印制：赵 博 / 封面设计：吴朝洪

科学出版社 出版

北京东黄城根北街16号

邮政编码：100717

http://www.sciencep.com

三河市春园印刷有限公司 印刷

科学出版社发行 各地新华书店经销

*

2022年9月第 二 版 开本：850×1168 1/32

2023年8月第二次印刷 印张：5 1/2

字数：146 000

定价：68.00元

（如有印装质量问题，我社负责调换）

编者名单

主　编　朱小丽

副主编　刘林林　陆安婷

编　者　（按姓氏笔画排序）

王　妮　王　徽　王建梅
史　靖　任　静　孙燕飞
李　松　胡雨宣　柳黉楷
袁乙铜　徐　凤　韩　莉
童　宁

前言

近年来，地震、火灾、雪灾等自然灾害频发，中毒、中暑、交通事故、意外爆炸等报道屡见不鲜，给人们的生命和财产安全带来了威胁。当这些灾难事故发生时，大多数民众都感到束手无策。为提高民众的自救互救水平，以及应对各种意外事故和自然灾害的能力，我们组织人员精心编写了这本《实用自救互救与安全知识手册(第二版)》，手册采用图文并茂的方式，简单形象地介绍了急救技术、应急救护、常见急症、反恐防暴及安全知识五部分内容，让民众做到人人敢救、人人能救、人人会救，在面对突然来临的危险时能够进行正确的逃生、自救、互救与急救，达到“人人会急救，急救为人人”的目的。

备之于未患，则患至而无失。安全知识的普及，掌握意外事故的应对要点，可有效减少和避免生命财产遭受损失，既是对自己和家庭的保护，亦是对社会负责。由于编者水平有限，手册中若有错漏，敬请各位读者批评指正。

主　编

2022 年 6 月

目 录

第一部分 急救技术

第二部分 应急救护

第三部分　常见急症

第四部分　反恐防暴

第五部分 安全知识

第一部分

急救技术

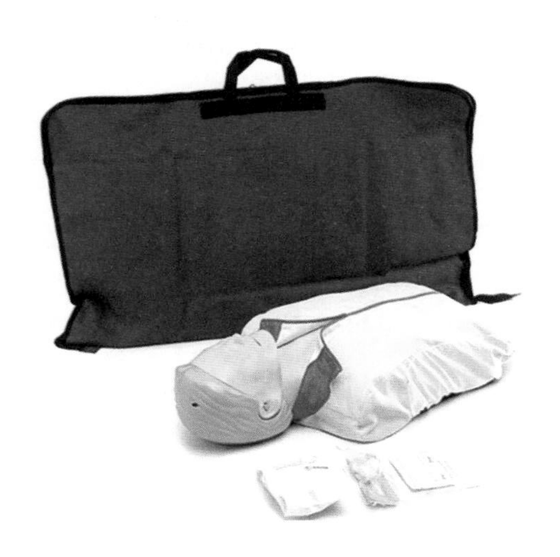

一、心肺复苏术

对于任何原因引起的呼吸、心搏骤停,及时有效地采取措施对患者进行抢救治疗及电击除颤,使循环和呼吸恢复,这些措施称心肺复苏(CPR)。当患者突然意识丧失,大动脉搏动消失,面色苍白或发绀,出现不规则呼吸、喘息甚至呼吸停止等表现时应立即进行心肺复苏。

2020年美国心脏协会(AHA)最新版院外心肺复苏程序如下。

1. 判断与呼救

(1)判定事发地点是否安全易于就地抢救(严禁在危楼、危墙、暴恐等情况下抢救)。

(2)判断意识:轻拍患者肩部,并大声呼叫:“先生(女士),您怎么了?”或直呼其名。若无反应立即指定人员拨打120,启动救援系统。

(3)判断心跳和呼吸：患者仰头，急救人员用一手的示指、中指找到气管，两指下滑到气管与颈侧肌肉之间的沟内即可触及颈动脉，评价时间至少5秒，但不要超过10秒。在检查患者脉搏的同时检查患者有无呼吸，扫视患者胸部，观察胸廓是否隆起，若没有呼吸或不能正常呼吸(即无呼吸或仅有濒死喘息)，立即进行胸外按压。

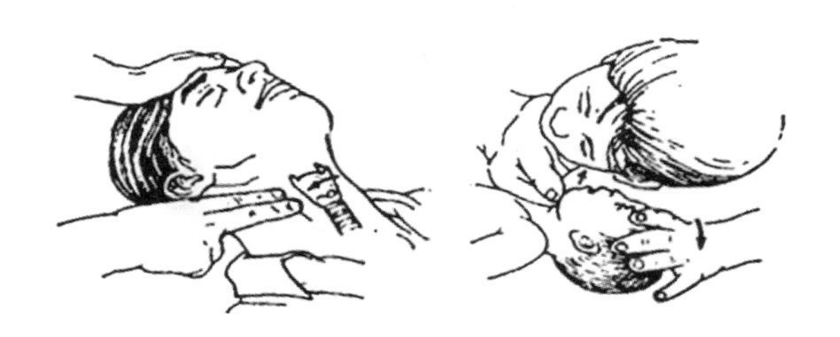

2. C——胸外心脏按压(chest compression)　按压准备：患者仰卧于硬板床或地上，如为软床，身下放一木板，解开衣物裤带暴露胸部。如不易解开，可直接按压，但AED到达后必须暴露胸部。

按压部位：正确的按压部位是胸部的中央，位于胸骨下半部分。

定位方法：剑突上两指或双乳头连线中点。特殊体型除外，如肥胖、老年女性。

按压方法:将一只手的手掌根贴在按压点,另一手掌根叠放在此手背上,十指相扣。

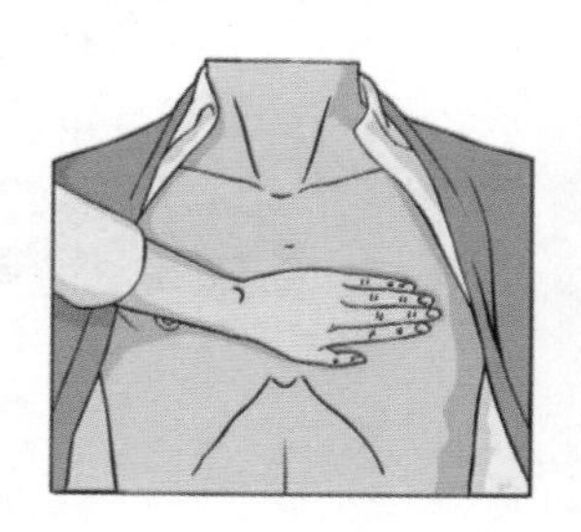

双肘关节伸直,双肩在患者胸骨上方正中,肩肘手保持垂直用力向下按压,按压的方向与胸骨垂直。

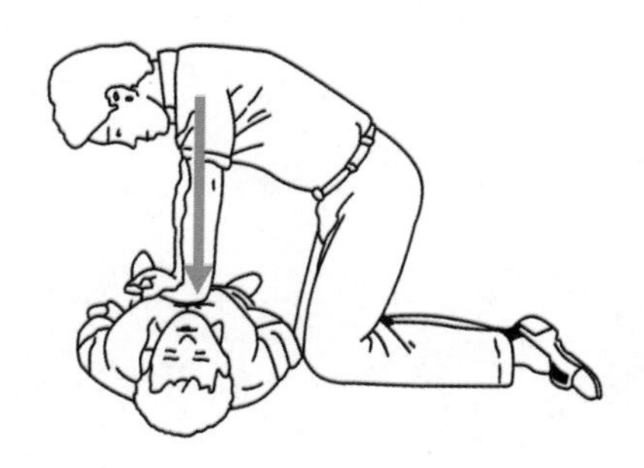

按压要领:

(1)成人单人按压 30 次,人工呼吸 2 次。

(2)正常形体患者按压使胸壁下陷至少 5cm,不超过 6cm。

(3)每次按压后,放松使胸骨恢复到按压前的位置,手掌根部尽量不要离开胸壁。

(4)按压频率为 100～120 次/分。

(5)每次按压后胸廓充分回弹,按压间隙手掌贴于胸壁,但应避免患者胸廓受力。

(6)为提高按压效率,应减少按压中断,中断时间控制在 10 秒内。胸外按压比例在整个心肺复苏中的目标比例至少为 60%。

3. A——保持呼吸道通畅(airway control)

(1)开放气道:有助于患者自主呼吸,便于心肺复苏时口对口呼吸。如患者义齿松动,应立即取下,以防脱落阻塞气道,常用方法为推举下颌法和仰头提颏法。

①推举下颌法:手放在患者头部两侧,肘支撑在患者躺的平面上,握紧下颌角,用力向上托下颌。

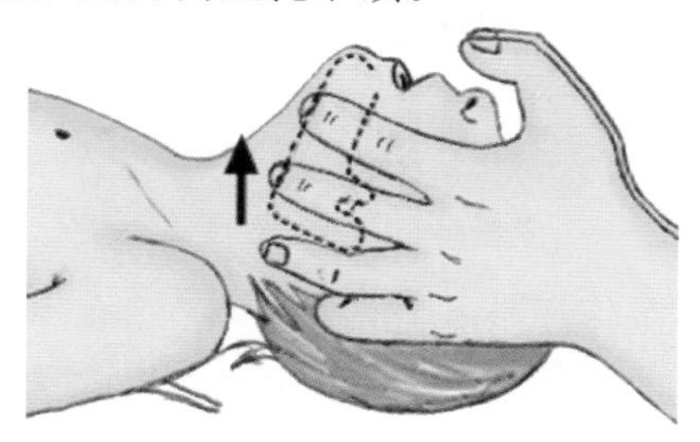

②仰头提颏法:把一只手放在患者前额,用手掌把额头用力向后推,使头部向后仰,另一只手的手指放在下颌骨处,向上提颏。

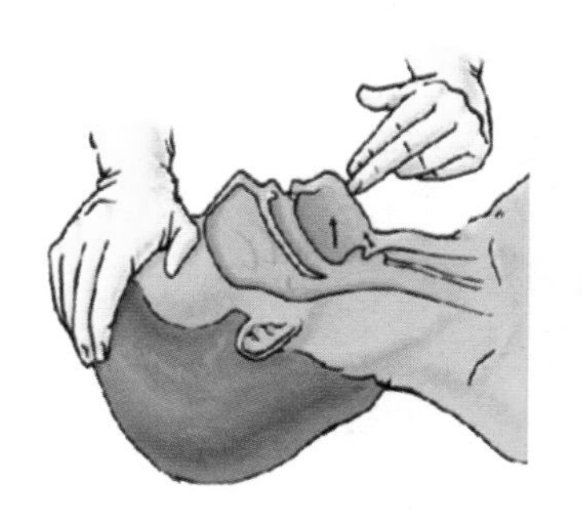

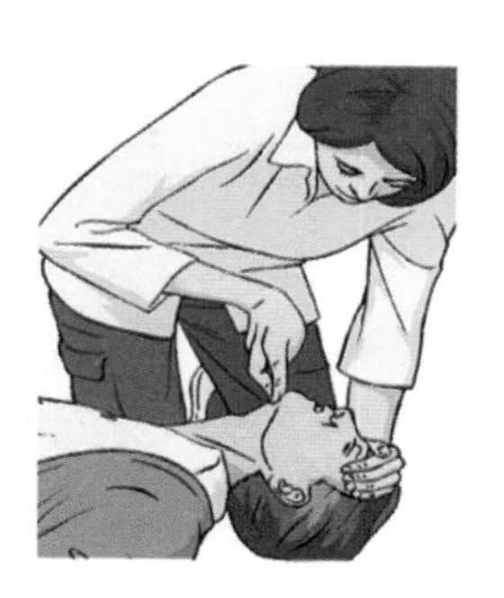

(2)清除患者口中异物和呕吐物,用指套或指缠纱布清除口腔中的液体分泌物。如无明显异物可跳过此步骤。

4. B——口对口人工呼吸(breathing) 口对口人工呼吸时,施救者一手托住患者下颌确保气道通畅,另一手捏住患者鼻孔防止漏气,然后正常吸一口气,用口唇把患者的口全罩住,呈密封状,每次吹气持续 1 秒钟,确保患者胸廓起伏间隔 1 秒钟后,再次吹气。胸外按压与通气的比例为 30∶2(即单人按压 30 次,人工呼吸 2 次)。

5. D——除颤(defibrillation)　对于成人心搏骤停患者,若有除颤器要立即进行除颤;若不能立刻获取除颤器,应先进行心肺复苏,待除颤器设备就绪后立即进行除颤。

自动体外除颤器(简称 AED)的使用方法:

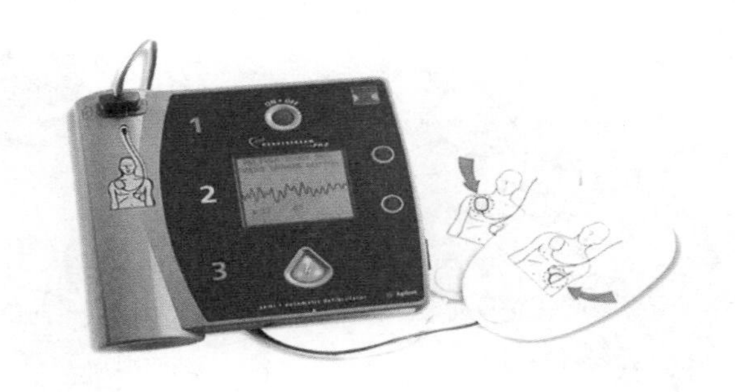

①把 AED 放在患者身旁,打开 AED 电源。

②按要求将两个电极片贴在患者裸露的胸部(一个 AED 电极片放在右锁骨正下方,另一个电极片放在左乳头外侧,电极片的顶部边缘位于腋下 7~8cm 处)。

③电极片粘贴时避免覆盖在起搏器上;如有药片可先揭除后再粘贴电极片。

④不要接触患者，等待 AED 分析心律，若 AED 显示“建议电击”，所有人不要接触患者，按下电击键除颤后，继续 CPR，完成后待 AED 分析心律决定是否再电击。

⑤在患者尚未苏醒和 120 急救车到来之前，应 AED 和 CPR 交替使用，直至专业医疗仪器接替。

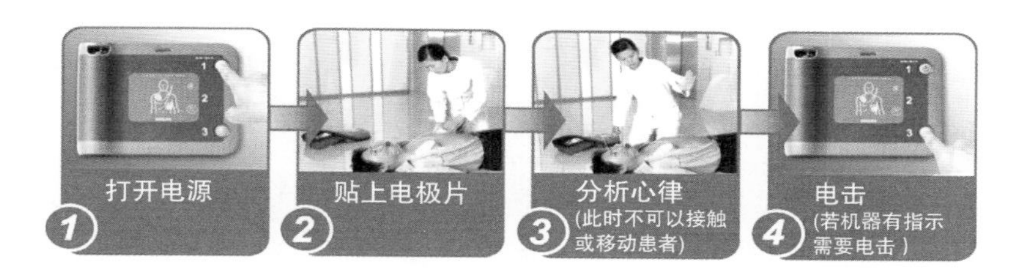

心肺复苏的注意事项：

①口对口人工呼吸一次吹气量不能过猛，胸廓稍起伏即可。吹气时间持续 1 秒，吹气时要观察气道是否通畅，胸廓是否起伏。

②胸外心脏按压只能在患（伤）者心脏停止跳动或有叹息样呼吸时进行。

③口对口人工呼吸和胸外心脏按压应同时进行，严格按吹气和按压的比例进行。

④胸外按压的位置必须准确，按压的力度要适宜，过大容易造成肋骨骨折、气胸、血胸等并发症。

⑤实施心肺复苏时应将患（伤）者的上衣和裤带解开，以免引起内脏损伤。

心肺复苏的有效体征：

①观察颈动脉搏动，按压有效时按压后可触及一次搏动。若停止按压后搏动停止表明应继续进行按压，若停止按压后搏动继续存在，说明自主心搏已恢复，可以停止胸外心脏按压。

②若无自主呼吸或自主呼吸很微弱，人工呼吸应继续进行。

③复苏有效时，可见患者有眼球活动，口唇、甲床转红润，手

脚可以活动;观察瞳孔时,可由大变小,并有对光反射。

终止心肺复苏的指征:

①心肺复苏持续30分钟以上,仍无脉搏及自主呼吸,现场又无进一步救治和后送条件,应考虑终止复苏。

②脑死亡,出现深度昏迷、瞳孔散大固定、角膜反射消失,将患者头向两侧转动,眼球原来位置不变,现场又无进一步救治和后送条件,应考虑终止复苏。

③当现场危险危及抢救人员生命安全及医学专业人员判定患者死亡、无救治指征时。

心脏骤停患者送往医院救治后需经过较长恢复期,因此要有专业的医护人员正确的评估其生理、认知和社会心理需求并给予相应支持。出院后也需要遵照医生制订的身心康复计划进行长期有效的院外康复。

二、"海姆立克"急救法

"海姆立克"急救法是海姆立克教授于1974年发明的,它是一种针对呼吸道异物窒息的快速急救手法。该手法的原理是冲击伤病员腹部及膈肌下软组织,产生向上的压力,压迫两肺下部,从而驱使肺部残留气体形成一股气流,长驱直入气管,将堵塞气管、咽喉部的异物驱除。1975年10月,美国医学会以海姆立克教授的名字命名了这个急救方法,并经该学会推荐,在报刊、电视等媒体广为宣传,至1979年,在美国就有3000多人用该法抢救窒息获得成功。在此后的12年中,这种急救法在美国就已经救活了1万多人的生命。海姆立克教授也因此被世界名人录誉为"世界上挽救生命最多的人"。

现在“海姆立克”急救法已被正式列为CPR的重要内容，是呼吸复苏中保持呼吸道通畅的重要方法。它不再局限于气管异物的急救处理，而且已运用于心肺复苏术中。

生活中，当进食或口含异物时嬉笑、打闹、啼哭，易发生食物、异物卡喉，尤其多见于儿童。表现为突然呛咳、不能发声、呼吸急促、面部及唇部青紫、双手卡喉样，严重者可迅速出现意识丧失，甚至呼吸、心跳停止。如遇此情况应马上询问患者：“你被东西卡住了吗?”如患者点头表示“是的”，即立刻施行“海姆立克”手法抢救。

下面介绍不同情况下的“海姆立克”急救手法。

(一)成人互救“海姆立克”急救手法

(1)施救者站在患者后面，脚成弓步状，前脚置于患者双脚间。一手握拳，以拇指侧紧抵患者腹部，位于脐上和胸骨下的正中线上。

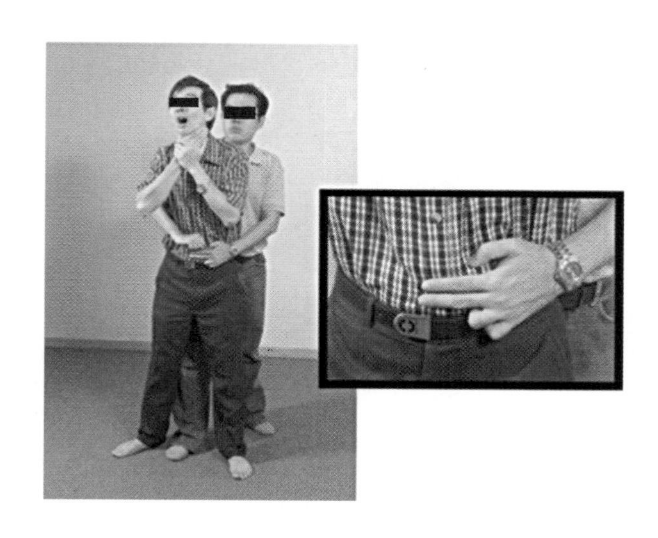

(2)用左手将患者背部轻轻推向前,使患者处于前倾位,头部略低,嘴要张开,利于呼吸道异物排出。

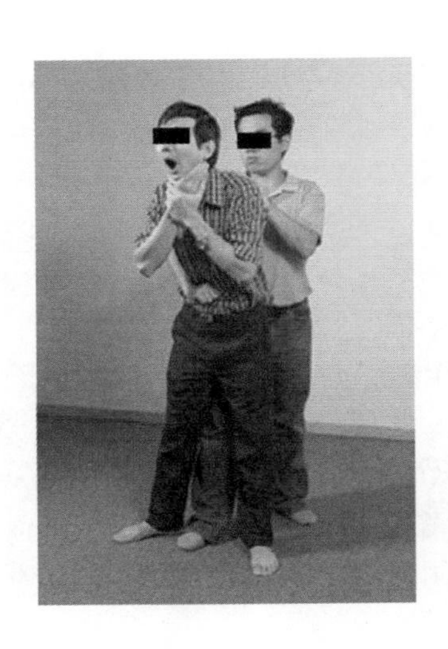

(3)另一手置于拳头上并握紧,双手急速冲击性地、向内上方压迫其腹部,反复有节奏、有力地进行,以形成的气流把异物冲出。

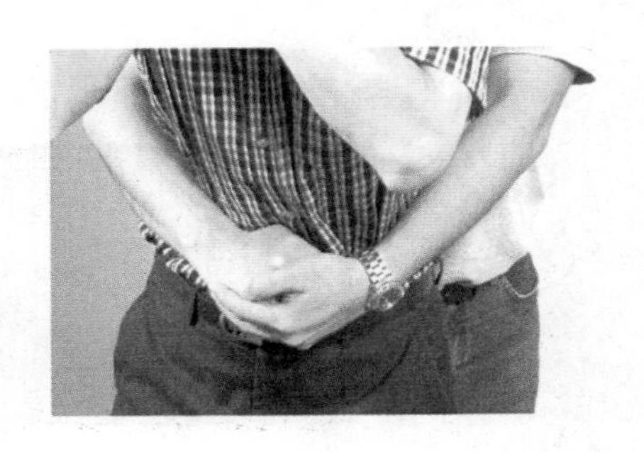

(二)肥胖者及孕妇"海姆立克"急救手法(胸部冲击法)

若患者为即将临盆的孕妇或非常肥胖致施救者双手无法环抱腹部做挤压时,则在胸骨下半段中央垂直向内做胸部按压,直到气道阻塞解除。

（1）立位胸部冲击操作方法：用于意识清醒的伤病员。

①救护人员站在伤病员的背后，两臂从伤病员腋下环绕其胸部。

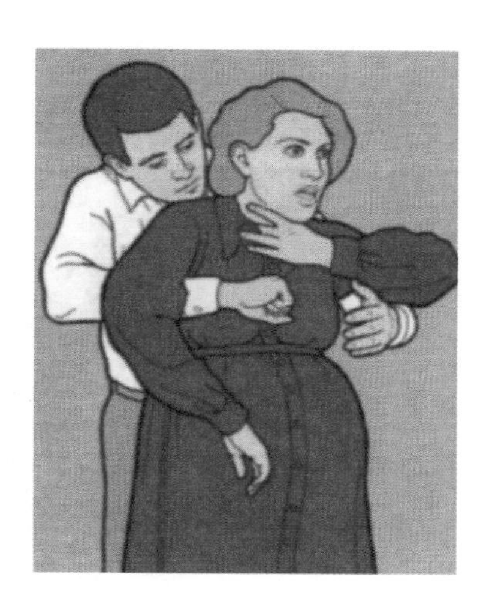

②一手握空心拳，将拳眼置于伤病员胸骨中部，注意避开肋骨缘及剑突。

③另一只手紧握此拳向内、向上有节奏冲击若干次，检查异物是否排出。

（2）仰卧位胸部冲击操作方法

①救护人员将伤病员置于仰卧体位，并骑在伤病员髋部两侧。

②胸部冲击部位与胸外心脏按压部位相同。

③手掌根重叠，快速有节奏冲击 4～6 次。

④重复操作若干次，检查异物是否排出。

⑤检查呼吸、心跳，如呼吸、心跳停止，立即行 CPR。

(三)成人自救“海姆立克”急救手法

若自己是受害者,孤立无援时,可一手握拳,另一手掌捂按在拳头之上,双手急速冲击性地、向内上方压迫自己的腹部,反复有节奏、有力地进行。或稍稍弯下腰去,靠在一个固定物体上(如桌子边缘、椅背、扶手栏杆等),以物体边缘压迫上腹部,快速向上冲击,重复操作直至异物排出。

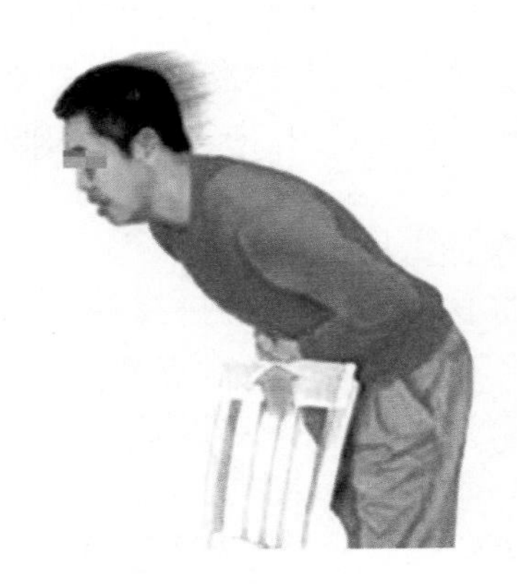

(四)特别说明

若患者是1岁以下的婴儿,有呼吸道异物,则不可做“海姆立克”急救法,以免伤及腹腔内器官,应改为拍背压胸法。

方法:一手置于婴儿颈背部,另一手置于婴儿颈胸部,先将婴儿趴在大人前臂,靠在操作者的大腿上,头部稍向下前倾,在其背部两肩胛骨间拍背5次,依患者年龄决定力量的大小。再将婴儿翻正,在婴儿胸骨下半段,用示指及中指压胸5次,重复上述动作直到异物吐出(切忌将婴儿双脚抓起倒吊从背部拍打,由于人体解剖关系,如此操作不仅无法将气管中的异物排出,还会增加婴儿颈椎受伤的危险)。

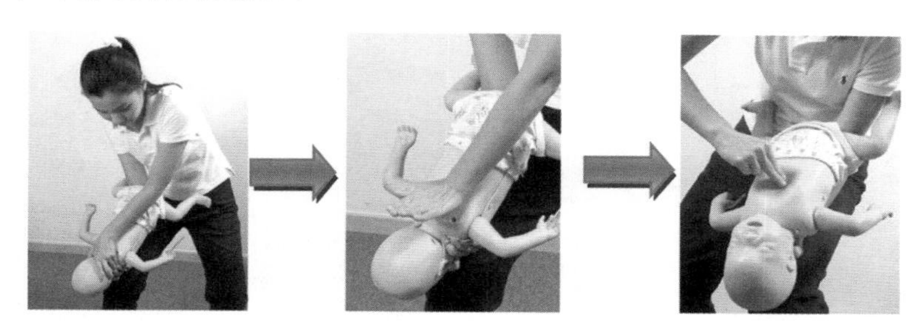

三、急救基本技术

意外发生时,第一时间为伤病员提供有效的救护可以赢得时间、挽救生命,掌握更多的急救和自救方法,可以最大限度地减少死亡和伤残。在没有任何医疗设备和医务人员的情况下,应用所掌握的急救技术,依靠自己的双手,在第一时间、第一现场,通过自己的第一个反应和第一个行动,挽救自己或他人的生命。急救的基本技术主要包括通气、止血、包扎、固定、搬运等。

(一)通气

伤员的鼻咽腔和气管被血块、泥土或呕吐物等堵塞,或昏迷后舌后坠,均可造成窒息,应立即选用下列方法,恢复呼吸道通气。

1. 指抠口咽法　用一手拇指和示指拉出舌头,另一手示指伸入口腔和咽部,迅速将血块或其他异物取出。

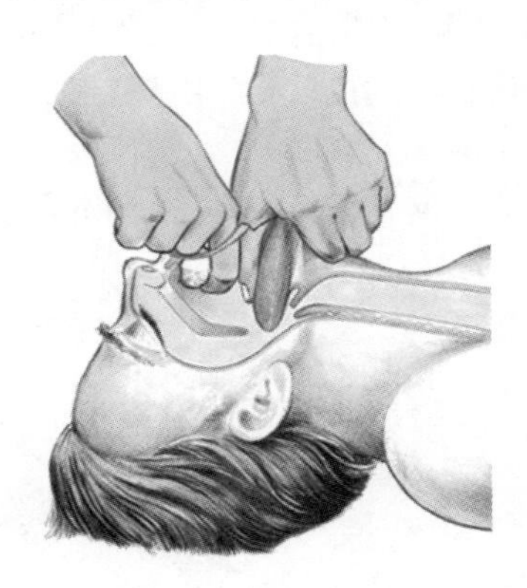

2. 仰头提颏法　伤员处于水平仰卧位,一手掌根横放在伤员额部向下用力,另一手将示指和中指放在伤员颌骨部用力向上抬,使下颌角与地面呈 90°。

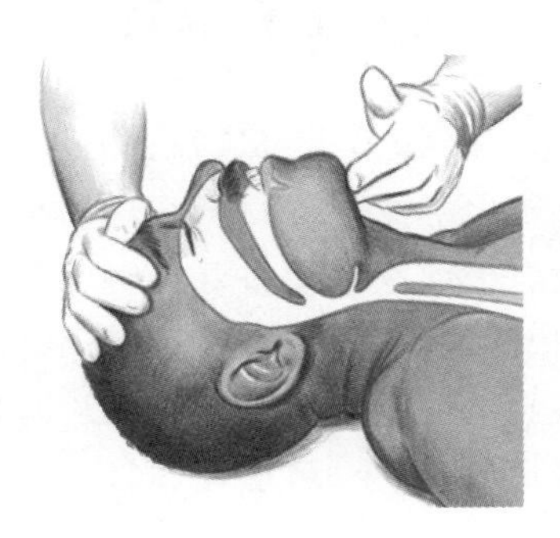

3. 推举下颌法　怀疑有颈椎骨折时,不能使用仰头提颏法将伤员头后仰,抢救者两手将伤员下颌角向上抬即可。

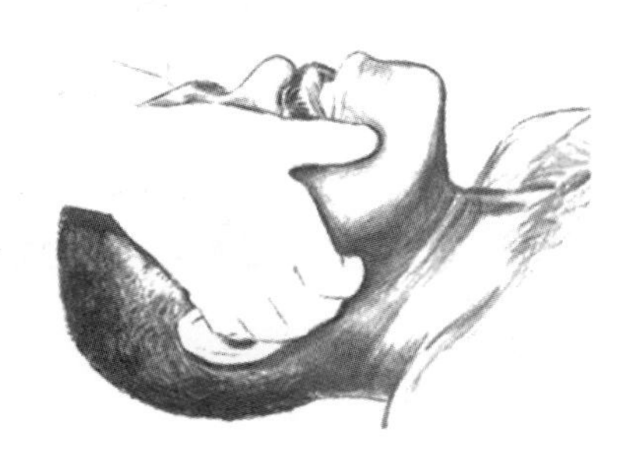

4."海姆立克"急救法(详见前文)　此外,开放性气胸严重影响呼吸循环,应立即用敷料(或清洁衣布)堵塞胸壁伤口,使之成为闭合性气胸。

(二)止血

1. 出血量的判断

(1)失血量小于5%(200～400ml)时,能自行代偿,无异常表现。

(2)失血20%(约800ml)以上时,面色苍白、肢凉,脉搏增快达100次/分,出现轻度休克。

(3)失血20%～40%(800～1600ml)时;脉搏达100～120次/分或以上,出现中度休克。

(4)失血40%(1600ml)以上时,心慌,呼吸快,脉搏、血压测不到,造成重度休克,可导致死亡。

2. 出血的分类

(1)动脉出血:色鲜红,压力高,量大。

(2)静脉出血:色暗红,持续缓慢流出。

(3)毛细血管出血:创面外渗,自行凝固。

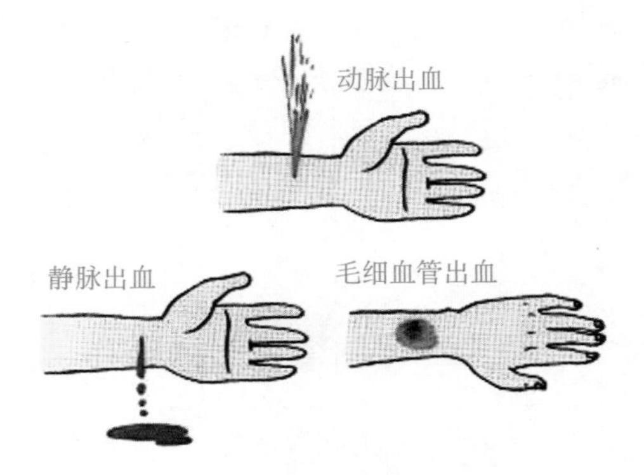

3. 止血方法

(1)压迫止血法:适用于头、颈、四肢动脉大血管出血的临时止血。一人负伤以后,只要立刻果断地用手指或手掌用力压紧靠近心脏一端的动脉搏动处,并把血管压紧在骨头上,就能很快取

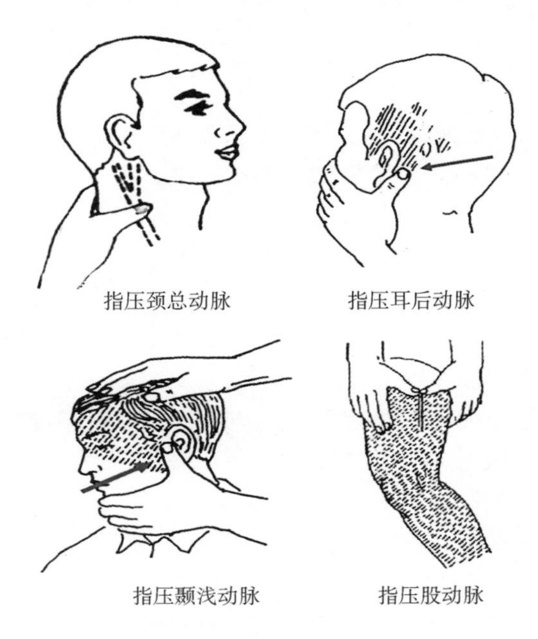

得临时止血的效果。

（2）绞紧止血法：又称绞棒止血法。适用于四肢大血管出血，尤其是动脉出血。先在肢体出血部位上方缠绕几层布巾，用止血带（一般用橡皮管，也可以用纱布、毛巾、布带或绳子等代替）绕肢体绑扎打结固定，在结内（或结下）穿一根短木棍，转动此棍，绞紧止血带，直到不流血为止，然后把棍固定在肢体上。在绑扎和绞止血带时，不要过紧或过松。过紧会造成皮肤和神经损伤，过松则起不到止血的作用。

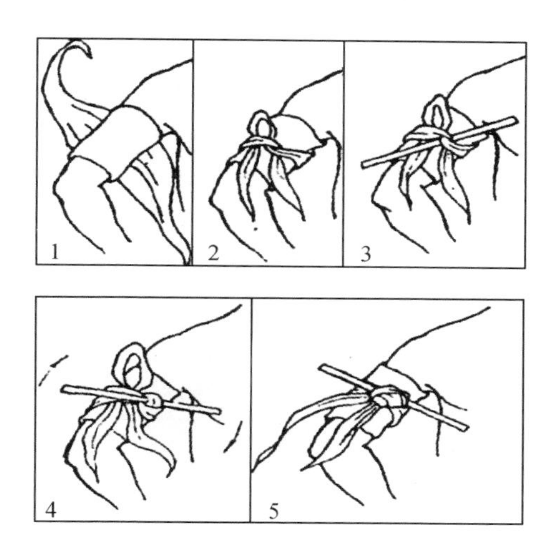

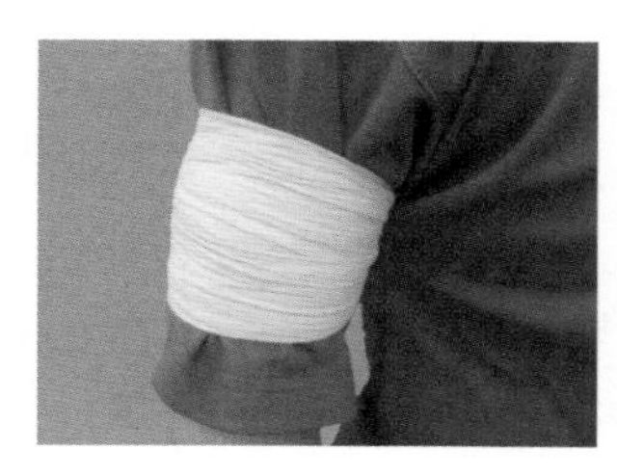

（3）橡皮止血带止血法

动作一：取出三角巾（也可使用毛巾、布条、衣服、棉垫等）折成四指宽条带，在伤员伤处近心端环绕肢体两圈并拉紧，两底角别于条带上下缘内侧。

动作二：用一手拇、示、中指夹持

橡皮止血带一端置于条带上,止血带短头端朝向掌心、指向拇指尖,长头端朝向肢体内侧。将长头端拽紧,保持力度不变绕肢体两圈,两圈要紧贴,每次均压住止血带短头端。

动作三:用示、中指夹住长头端,掌心翻转向下,示指钩住止血带长头端从环绕的止血带下拉出。在伤员左胸前挂红色伤标并注明时间。

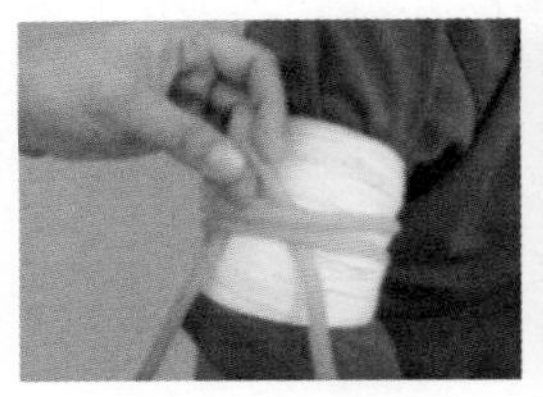
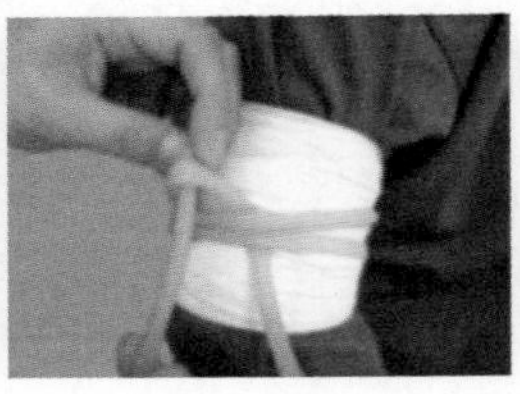
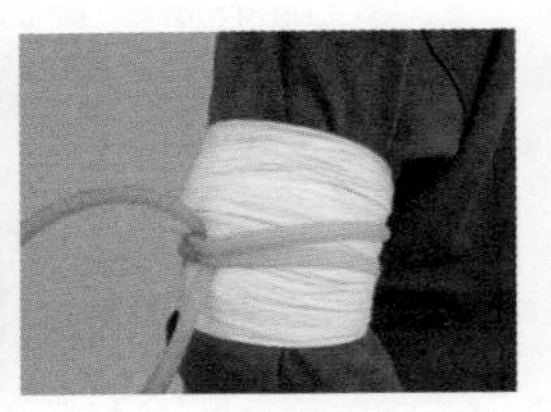

注意事项:在橡皮止血带止血过程中,动作要轻柔迅速,要注意止血带在环绕过程中不能扎于三角巾外,两圈绕行要平行,尽量不要交叉。连续阻断血流时间不宜超过1小时,应每隔1小时放松5～10分钟,并在放松期间采用压迫止血法止血。需注明使用止血带的时间。

动作要领:“长头压短头,平行两圈绕,用力要均匀,反手钩成套。”

(4)加压包扎止血法：适用于小血管和毛细血管的止血。先用消毒纱布(如果没有消毒纱布，也可用干净的毛巾)敷在伤口上，再加上棉花团或纱布卷，然后用绷带紧紧包扎，以达到止血的目的。假如伤肢有骨折，还要另加夹板固定。

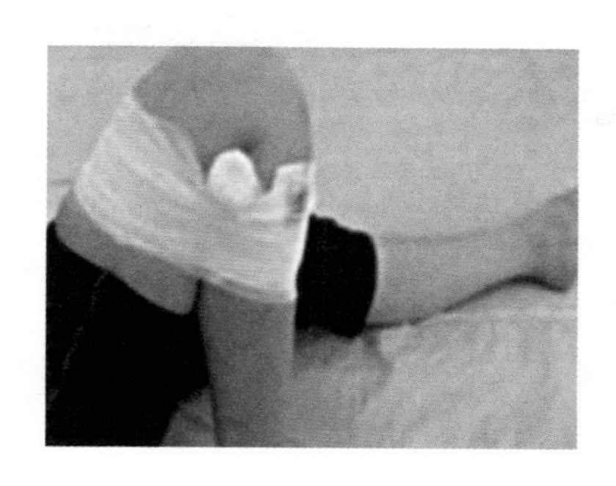

(5)加垫屈肢止血法：多用于小臂和小腿的止血，它利用肘关节或膝关节的弯曲功能压迫血管达到止血目的。在肘窝或腘窝内放入棉垫或布垫，然后使关节弯曲到最大限度，再用绷带将前臂与上臂(或小腿与大腿)固定。假如伤肢有骨折，也必须先用夹板固定。

(6)卡式止血带止血：用于四肢大出血。卡式止血带由自动锁卡、锁紧开关和涤纶织带组成。操作简便，松紧度可调。

动作一：在出血伤口上方 5～10cm 处以衣物或三角巾等作衬垫；止血带绕肢体一周，将自动锁卡插入锁紧开关内。

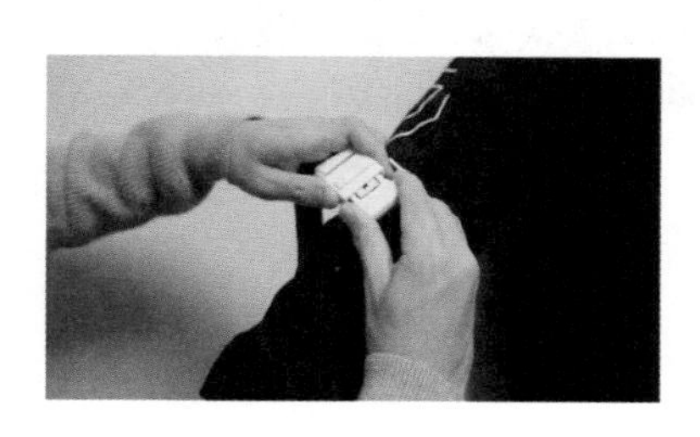

动作二：一手按住锁紧开关，另一手拉紧涤纶带，直至出血停止，记录止血时间，立即就医。

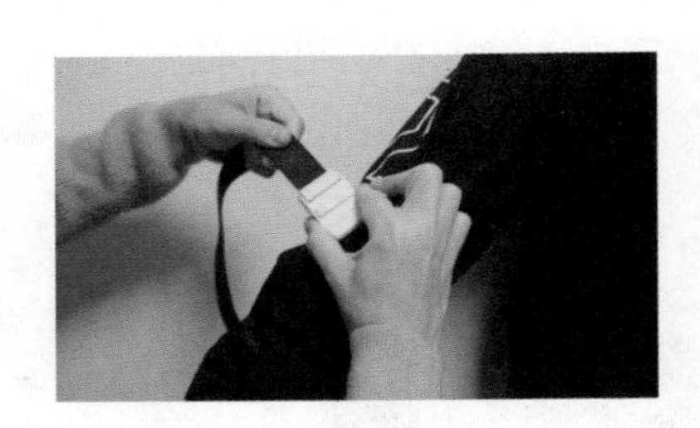

注意事项：扎止血带后避免触碰锁紧开关，防止止血带松开。

(7)旋压式止血带止血：适用于四肢大出血。旋压式止血带由自粘带、绞棒、固定带和扣带环构成，通过转动绞棒可收紧或放松止血带，调整止血力度。具有止血效果确实、不易损伤皮肤、操作简单快捷等优点，便于自救互救。

动作一：止血带置于伤口上方5～10cm，环绕肢体一周将自粘带插入扣带环内。

动作二：拉紧自粘带，反向粘紧。

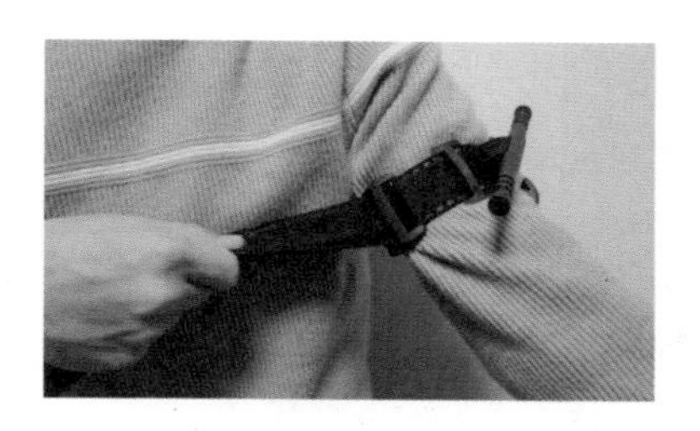

动作三:转动绞棒,直至出血停止。

动作四:将绞棒卡入固定夹内。

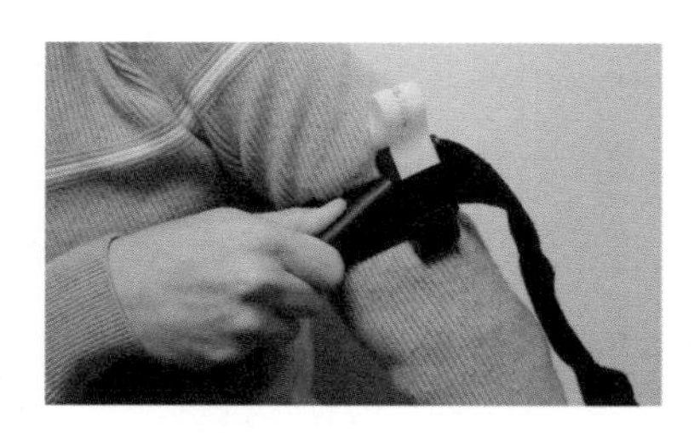

动作五:将多余自粘带继续缠绕后,用固定带封闭;记录止血时间,立即就医。

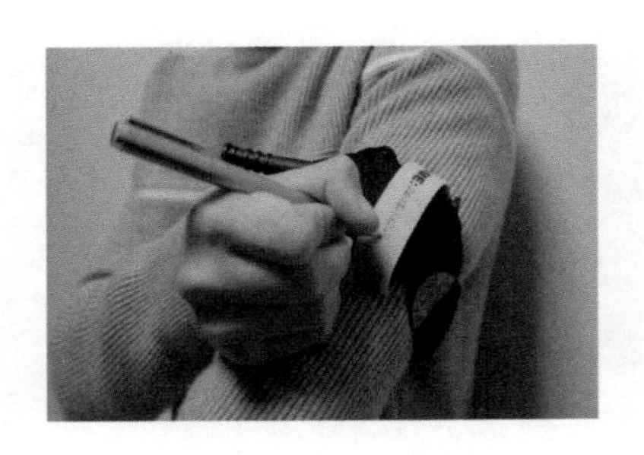

动作要领:“一绕、二拉、三绞、四卡、五记录”。

(三)包扎

其主要目的是保护伤口、减少污染、固定敷料和帮助止血。常用绷带和三角巾,抢救时也可将衣裤、巾单等截开作包扎用。不论何处包扎,均要求包扎后固定不移和松紧适度。

1. 三角巾颅顶部帽式包扎法

动作一:双手持三角巾两底角,将底边折叠约两指宽,底边中点置于伤员额前眉上 1.5cm 处,两底角顺势向后,沿外耳郭上缘拉至枕骨隆突以下交叉。

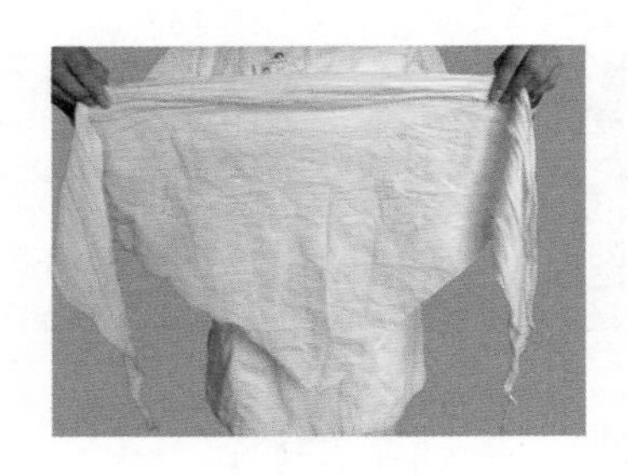

动作二:将底边反折向上沿伤员外耳郭上缘绕至额前眉心,在眉心前将三角巾底边打结,多余部分置于底边两耳侧压紧。

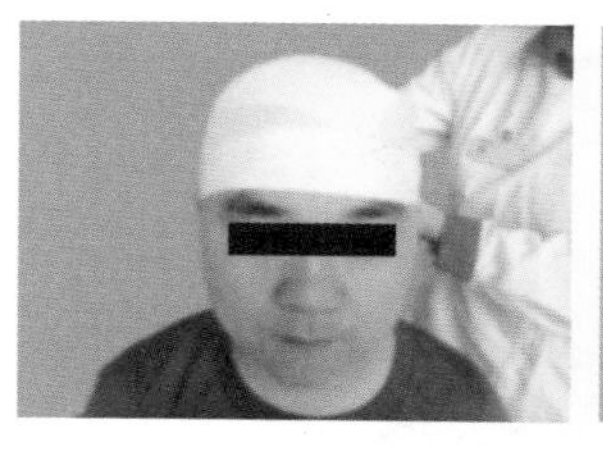 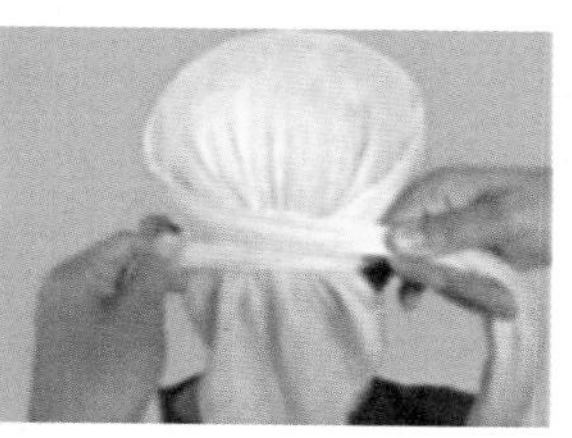

动作三：双手将三角巾顶角向两边拉平拉紧，使头部三角巾平整伏贴，将三角巾顶角带卷起，双手协同整理三角巾顶角，将顶角折叠平整后压于底边交叉处。

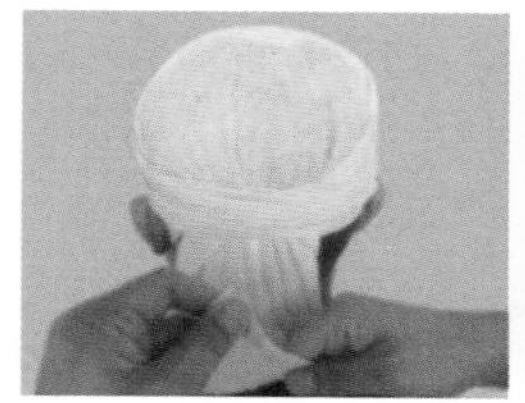 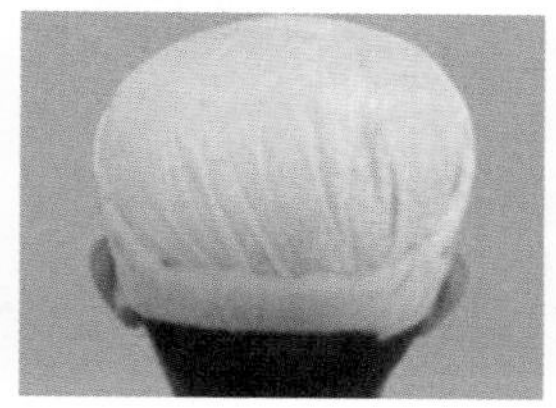 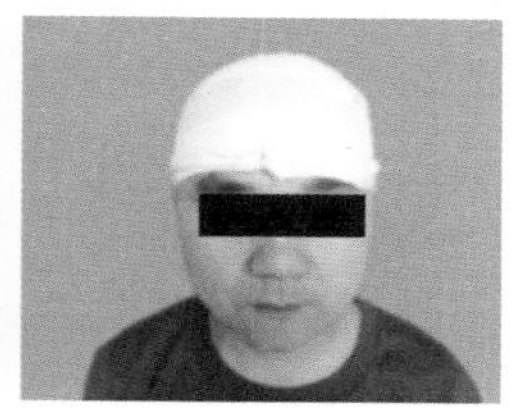

注意事项：包扎中要注意三角巾底边中点放置位置不得高于额头，后面交叉的位置要确保在枕后隆突下，以防向上滑脱；反折后的条带应沿着第一圈的下沿走行，额前打结要确保收紧条带，固定牢固，位置同样不得过高。

动作要领："一拉二折三固定，四卷五收掌用劲。"

2. 三角巾单眼带式包扎法

动作一：迅速将三角巾折叠成约 4 指宽的带形，按条带长度比例分为三段，中、上 1/3 交界处置于伤眼，上 1/3 段斜向对侧发际，下 2/3 段斜向同侧耳郭下。

动作二:将下 2/3 段从耳下绕至枕后,经对侧耳上至前额压住上 1/3 段。

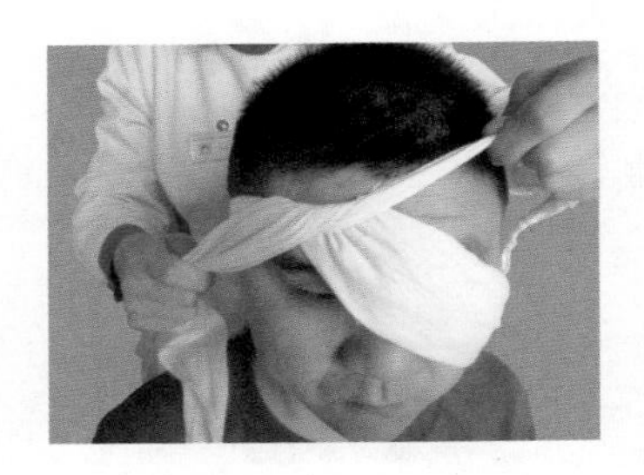

动作三:拉紧条带两端,绕头一周后,在伤侧耳郭上方打结。

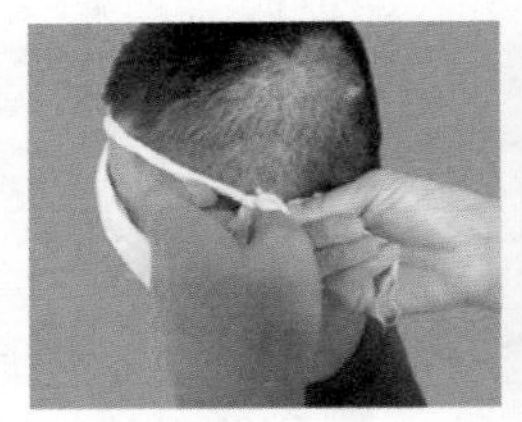

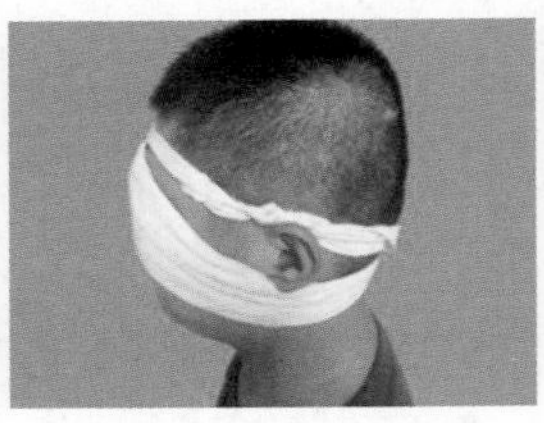

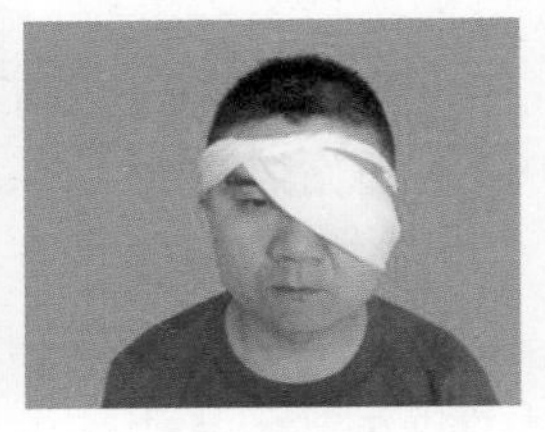

动作四:当包扎双眼时,"动作三"改为将上 1/3 段向下反折压住下 2/3 段并盖住对侧伤眼,上 1/3 段从对侧耳下绕至枕下,在同侧耳上与下 2/3 段打结。

注意事项：包扎眼部时注意勒紧反折部位应在眉弓上，防止勒在眼球上，以免造成损伤。

动作要领："折成带形四指宽，上一下二放伤眼，下端耳下绕脑后，健侧发际压前端，伤侧耳上把结打，边缘光洁又美观。"

3. 三角巾单肩燕尾式包扎法

动作一：一手持三角巾顶角，另一手置于三角巾底边中点，沿底边中线对折，将顶角朝向伤员背侧，调整三角巾底边对折点位置，使三角巾形成一大一小两个燕尾角(大角在上、小角在下)，夹角 80°，放于伤肩部，并使两个燕尾夹角朝向颈部。

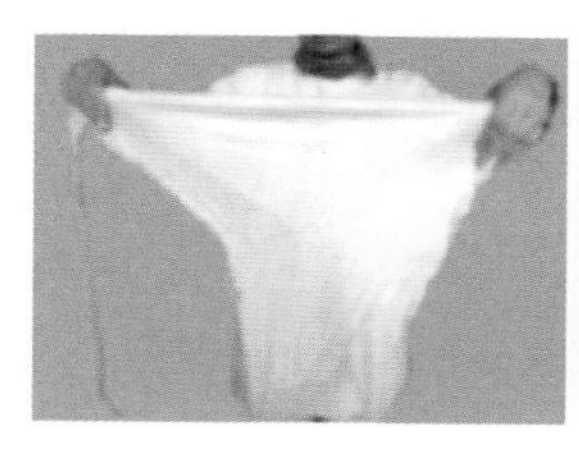
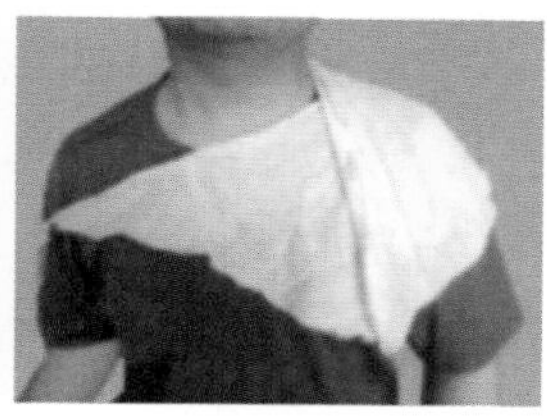

动作二：燕尾的底边绕上臂三角肌下缘打结，并将结固定于腋前。

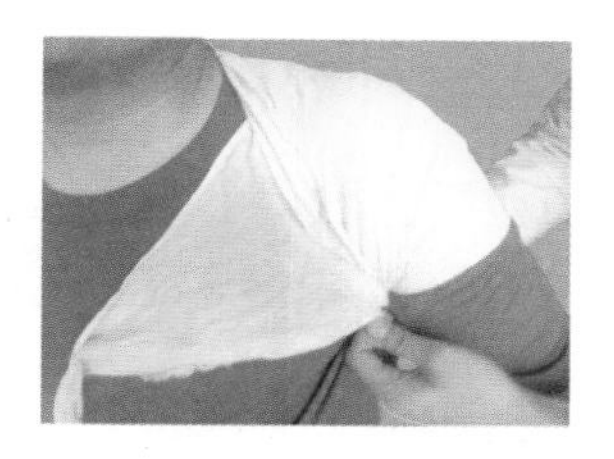

动作三：向对侧拉紧两燕尾角，并于对侧腋前打结。

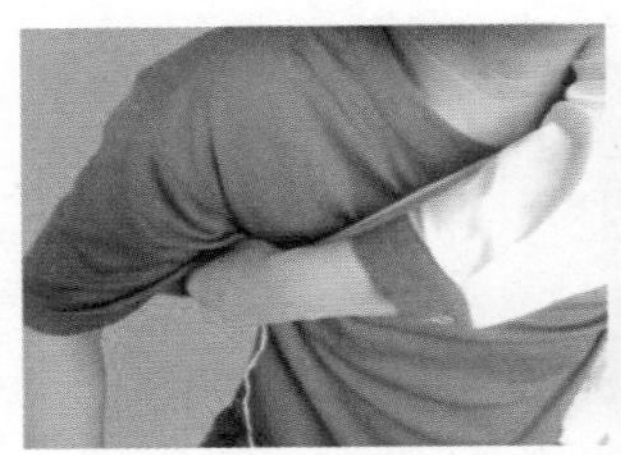
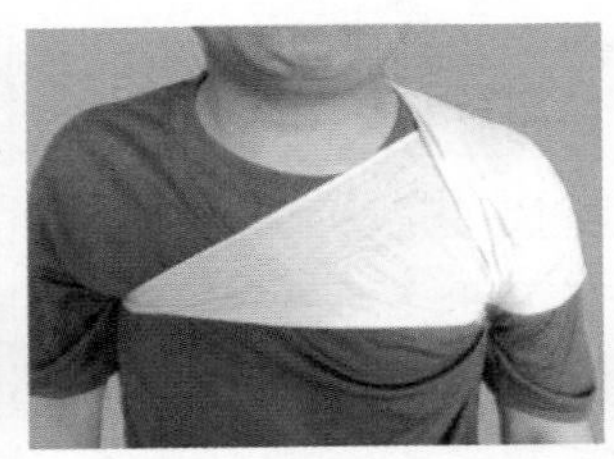

注意事项:三角巾燕尾式包扎法的通用口诀:顶角定方向,大角压小角。三角巾折叠成燕尾形状时,首先应根据受伤部位决定顶角的朝向,使顶角朝向受伤部位;其次是调整底边折叠点时要保证大角在上、小角在下,偏离中点不可太多,否则容易使小角过短。除双肩和臀骶部要求燕尾等大、夹角130°外,其他部位的燕尾式包扎法均适用该口诀。

动作要领:“大角压小角,上臂折线扎,大角要向后,对侧用力拉。”

4. 胸部一般(气胸)包扎

动作一:若为气胸,首先在伤口处覆盖不透气的塑料布,后将敷料(干净纱布、毛巾、棉垫等)覆盖于伤处;若为一般胸部受伤则直接覆盖敷料。

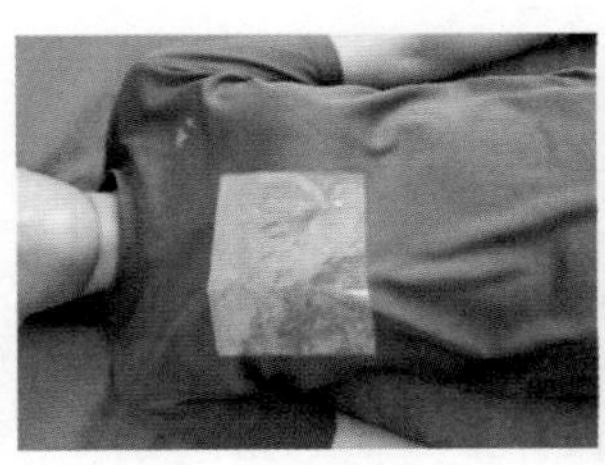
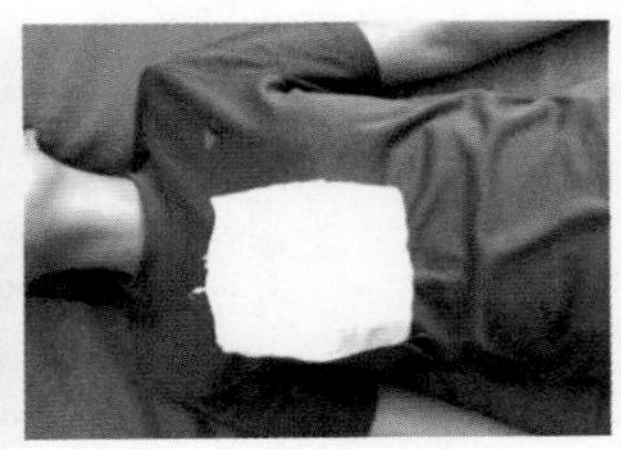

动作二：三角巾底边折成1～2横指宽放于伤侧胸部敷料上，将两底角绕躯干一周，在背部打结固定。

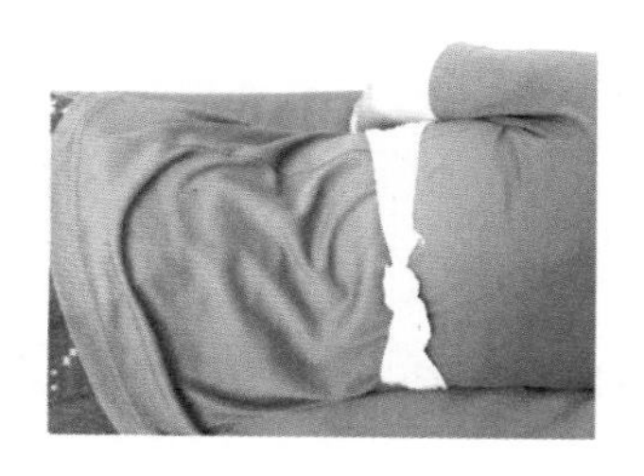

动作三：拉紧顶角，从伤侧胸部越过伤侧肩上拉向背部与底边固定。

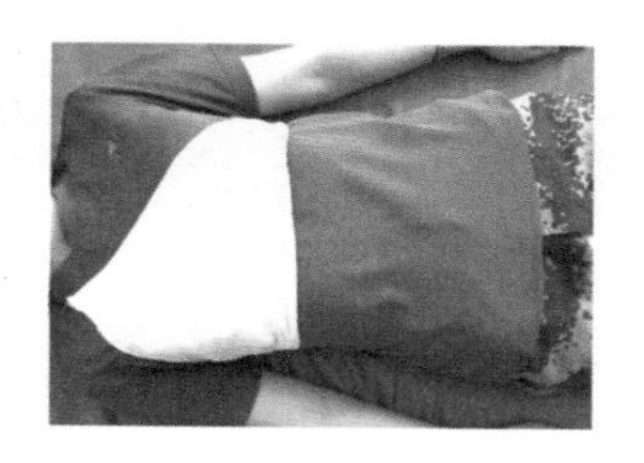

动作要领：“腰间一道向上翻，包住胸部很方便。背部受伤用此法，手法相同方向反。”

5. 腹部内脏脱出三角巾兜式包扎法

动作一：先用急救包中的无菌纱布或敷料覆盖保护脱出的肠管及大网膜，再用较厚的敷料覆盖。

动作二：其外盖上消毒碗、饭碗或用腰带圈围在脱出肠管的外面加以保护，然后再用三角巾包扎固定。

动作三：将三角巾顶角朝下，底边横放于上腹部，两底角向后拉紧并于腰背部打结。

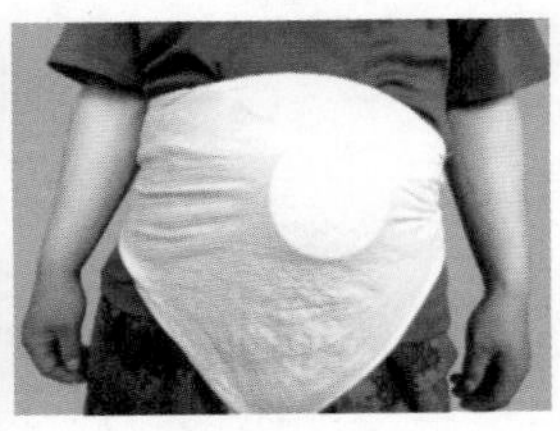

动作四:将顶角向下拉紧,经会阴拉至臀部上方,同两侧底角打结后的余头再次打结。

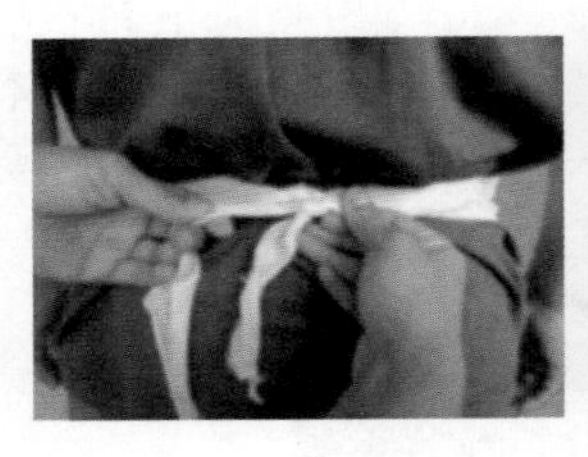
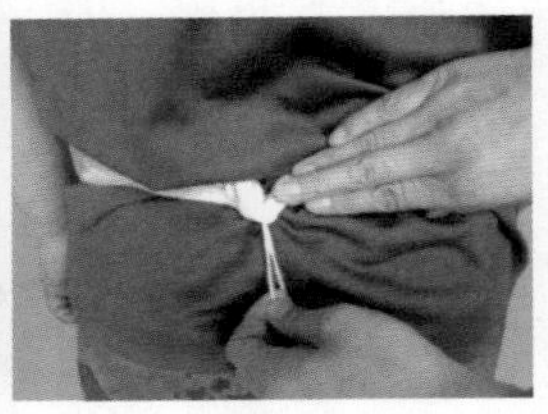

动作五:迅速后送,后送时应取半卧位或仰卧位,膝下用衣卷垫起,使腹部肌肉松弛,降低腹内压。

注意事项:应注意会阴部松紧度的掌握,避免过度挤压会阴部,顶角拉至耻骨联合处时应适当放松。

腹部内脏脱出的急救,一般禁止将脱出的肠管或内脏送回腹腔,以免引起腹腔感染。为减少腹壁张力,可将伤员膝下用衣物垫高,髋关节和膝关节均处于半屈曲位置。

动作要领:"腰间一道向下兜,角带固定在侧边,无论腹部或臀部,方法相同方向反。""脱出脏器碗保护,不可轻易送回腹,迅速后送应注意,兜式包扎固定住,半仰卧成屈膝位,减轻腹压禁药物。"

6. 四肢三角巾包扎法

(1)手(足)“8”字包扎法

动作一:三角巾或纱布、毛巾等折成条带状(2～3 横指宽),条带中部放于伤处(手掌、足趾、手背、足背等,具体以受伤部位为准)。

 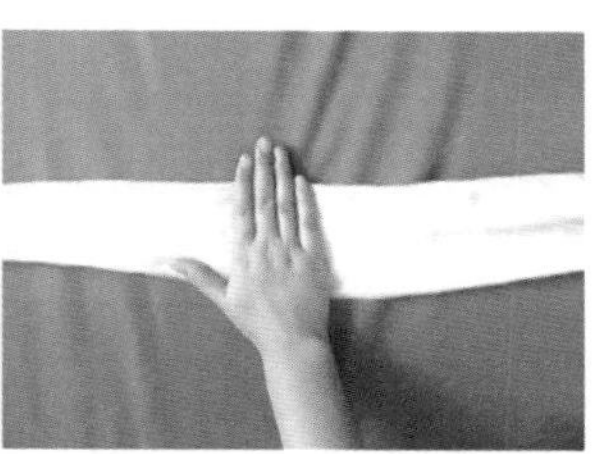

动作二:在伤口背侧做“8”字交叉后,绕腕(踝)关节一圈打结。

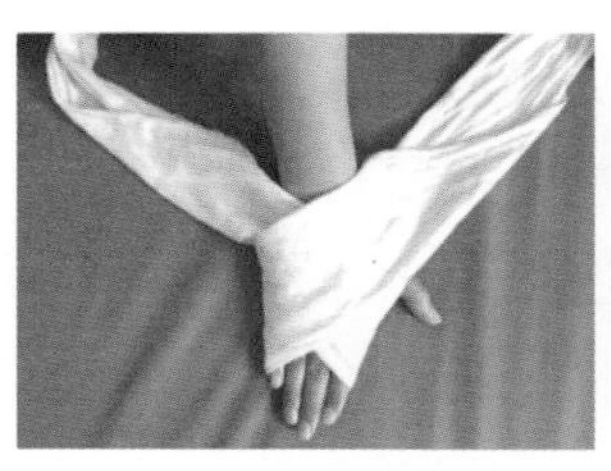 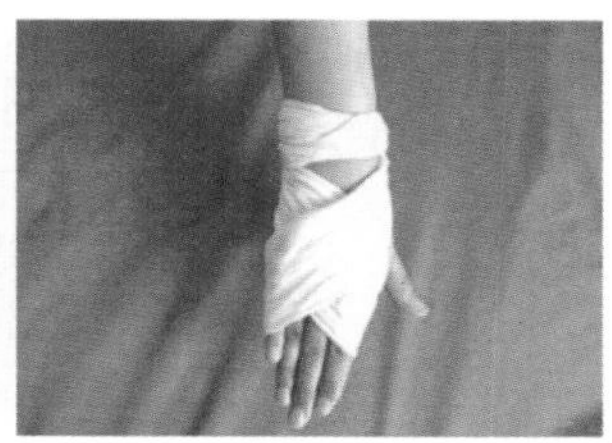

动作要领:“兜住掌(脚)心向上拉,掌(脚)面‘8’字来交叉,腕(踝)关节处绕一圈,腕(踝)关节处活扣扎。”

(2)膝(肘)部三角巾包扎法

动作一:根据伤情将三角巾、纱布或布条折成适当宽度的条带状,将条带的中段斜放于膝(肘)部。

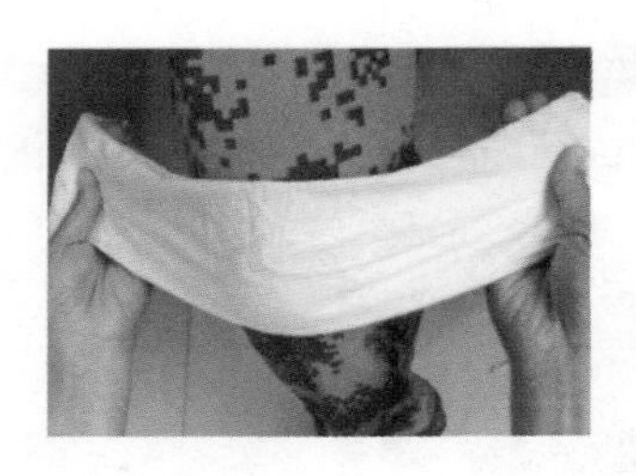

动作二:条带两端分别压住上下缘,包绕肢体一周打结。

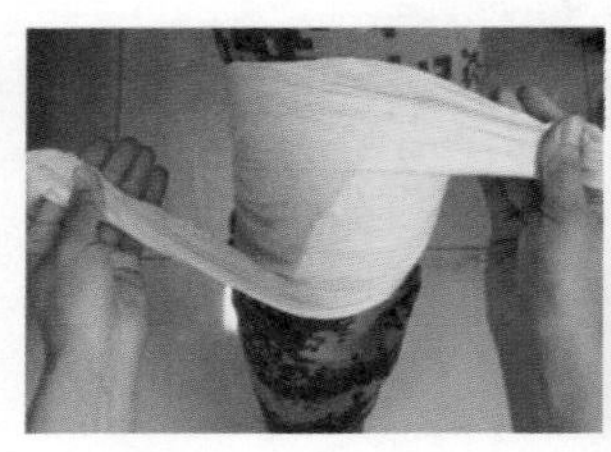

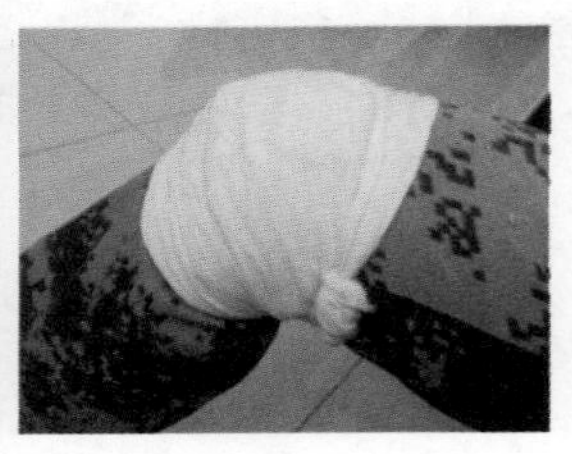

动作要领:“条带关节环形扎,膝(肘)窝处做成‘8’,压住前圈要过半,上臂小腿环形扎。”

7. 上肢烧伤三角巾包扎法

动作一:在三角巾一底角打结。

动作二：有结的底角套于烧伤手掌背侧上，将顶角外展。

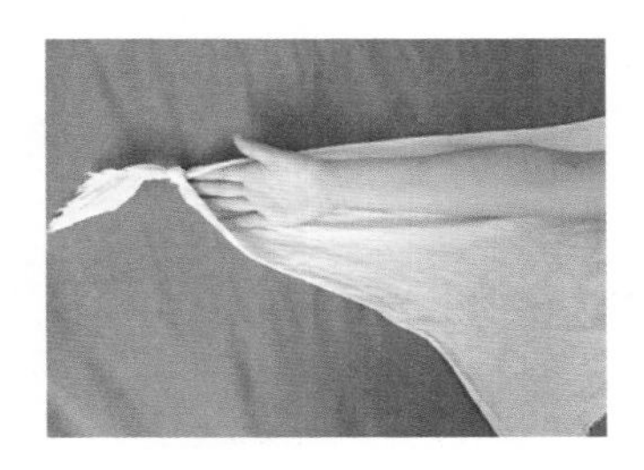

动作三：保持底边与肢体长轴平行，拉紧顶角包裹上肢在上臂适当处固定。

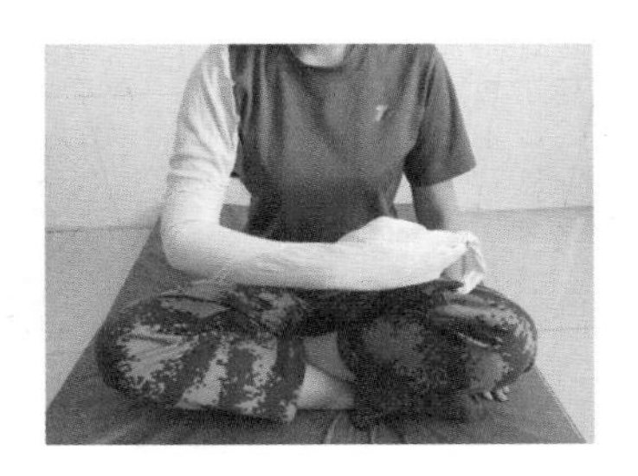

动作四：将另底角绕颈部与套于中指上的余结带打结悬吊。

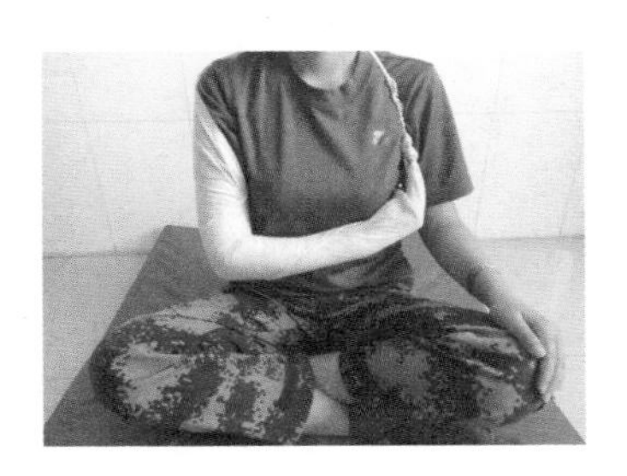

8. 急救绷带头部包扎法

动作一:双手持急救绷带两端,将无菌敷料覆于伤处。

动作二:绷带经下颌环绕头部一周,卡入加压环后反折。

动作三:拉紧绷带继续缠绕一周后,经眉上横向缠绕。

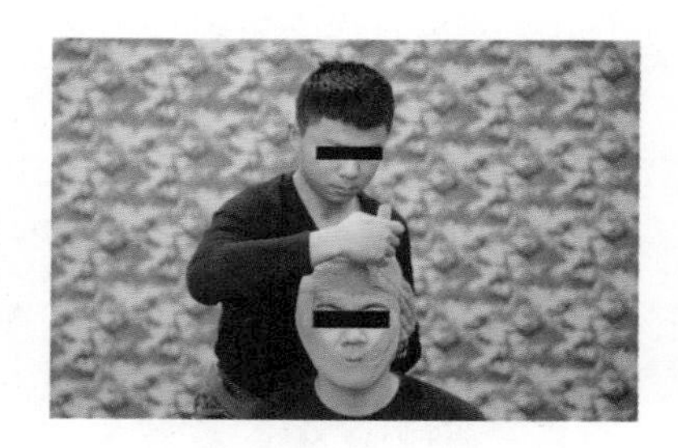

动作四:用固定钩固定。

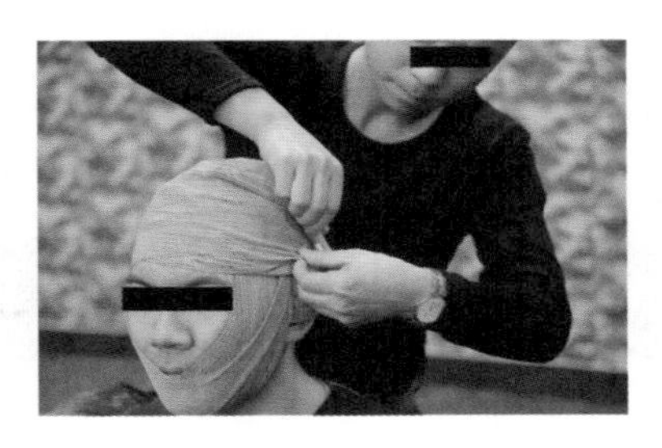

注意事项:缠绕时应避免压迫气管及遮盖负伤人员的眼和口。

9. 急救绷带腹部环形包扎法

动作一:双手持急救绷带两端,将急救绷带无菌敷料面置于腹部伤口上。

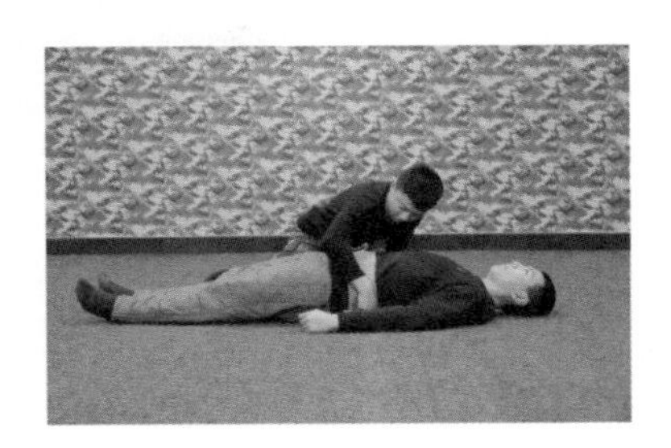

动作二:将绷带卷沿腹部水平环绕一周后,绷带穿过加压环并反向收紧,继续水平缠绕数圈。

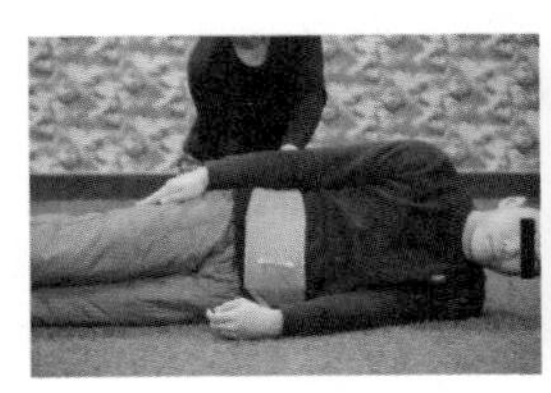
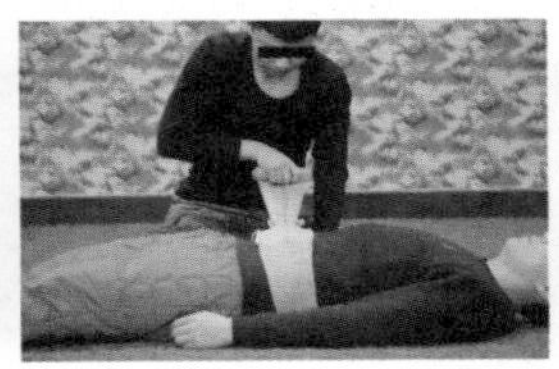
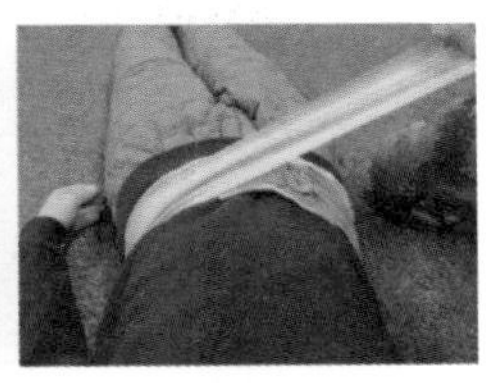

动作三:将固定钩固定于绷带上。

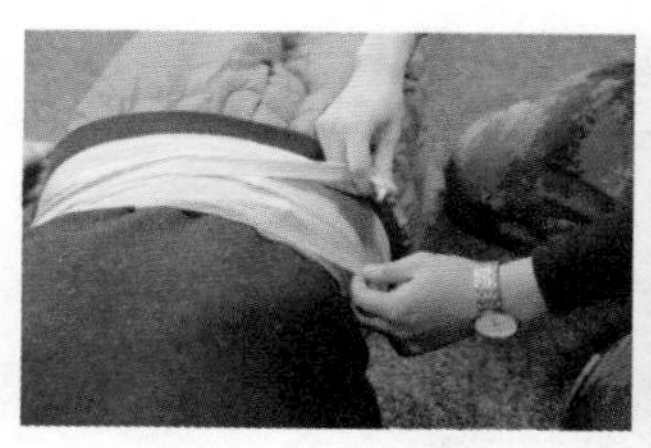
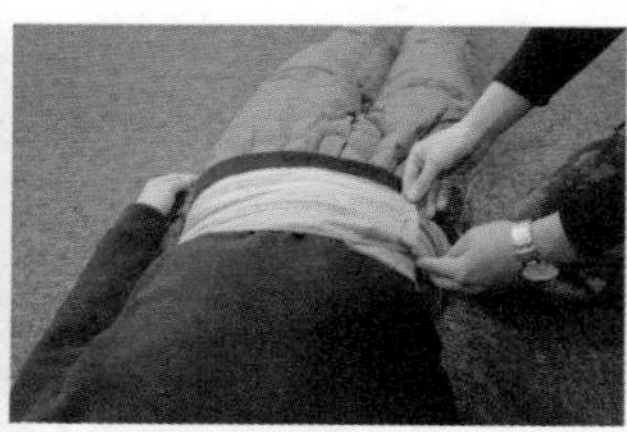

10. 急救绷带残端包扎法

动作一:将绷带卷敷料面置于残端上,将其包住。

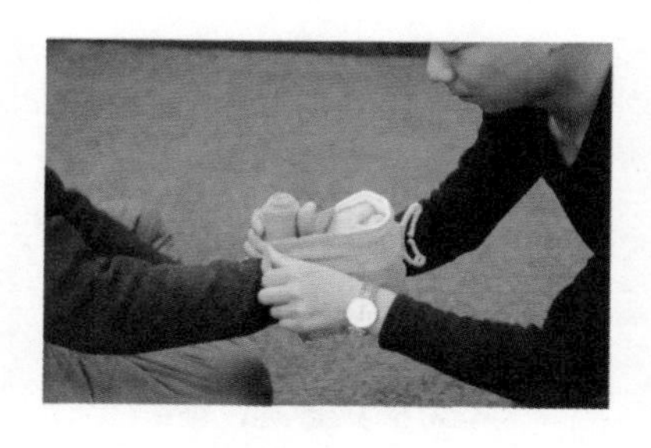

动作二:绷带卷经残端上方环形缠绕数圈。

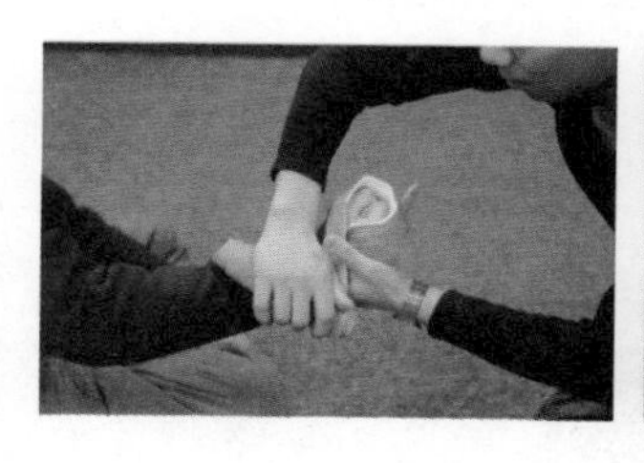
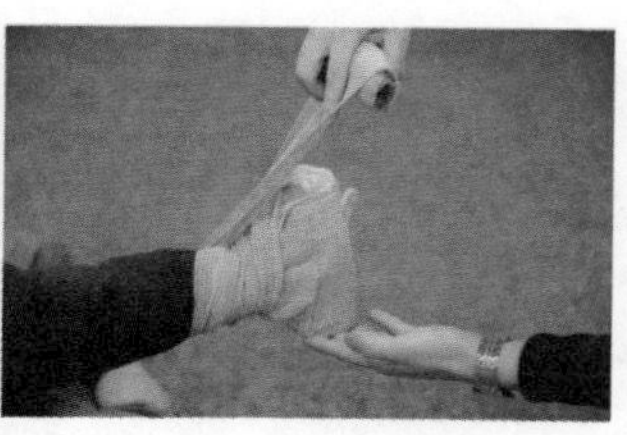

动作三:绷带穿过压力架后反向收紧,右手将绷带卷向上反折与环形包扎垂直,先覆盖残端中央,再交替覆盖左右两边,左手

固定反折部分，每周覆盖上周 1/3～1/2，行“8”字包扎法上下包裹直至完全覆盖。

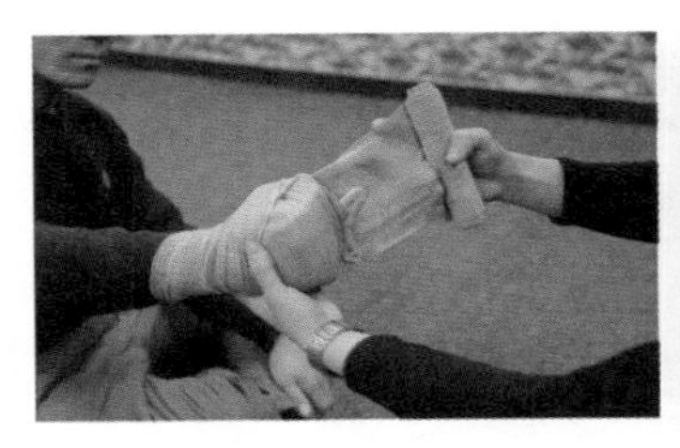
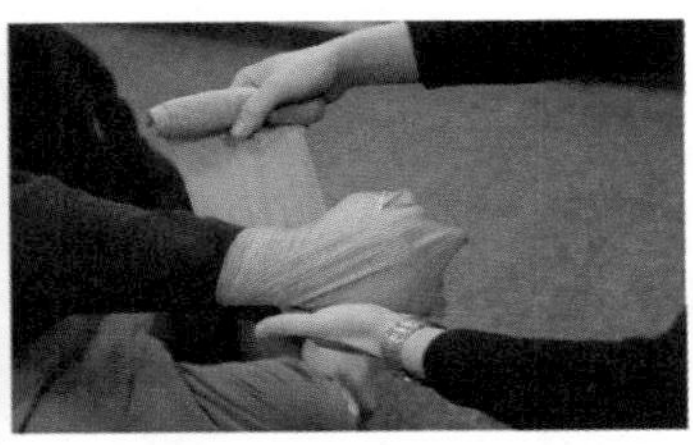

动作四：将尾扣固定于绷带上。

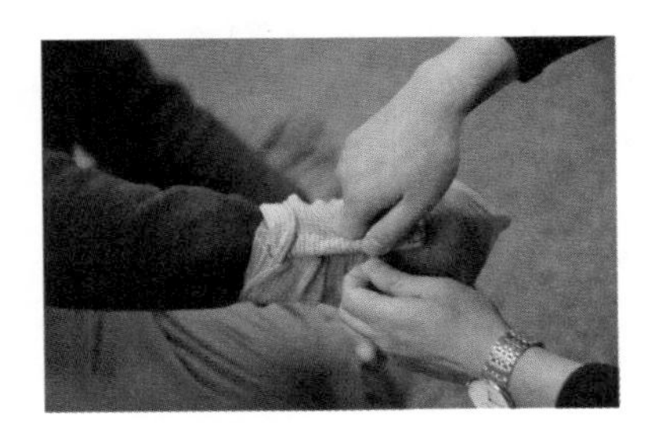

（四）固定

骨关节损伤均必须固定制动，以减轻疼痛，避免骨折片损伤血管和神经等，并能帮助防止休克。固定前，应尽可能牵引伤肢矫正畸形，然后将伤肢放到适当位置，固定于夹板或其他支架（可就地取材，用木板、竹竿、树枝等）。固定范围一般应包括骨折处远和近两个关节，既要牢固不移，又不可过紧。急救中如缺乏材料，可行自体固定，例如将上肢绑缚在胸廓上，或将受伤下肢固定于健肢。

1. 肱骨骨折夹板固定法

动作一：准备夹板（夹板可用树枝、木棒、废用木料等替代，用一块夹板时,夹板放上臂外侧;用两块夹板时,则放在上臂的内外两侧;用三块时,则在上臂的前、后和外侧各放一块;外侧夹板长度应超过上下关节),如用卷式夹板,先将卷式夹板对折,内侧长度不超过腋窝处,外侧不超过肩关节,同时将夹板每边沿中线折弯,幅度以伤者上臂为标准。

动作二:将夹板放于肱骨内外侧,在腋窝、肩关节、肘关节处加垫。

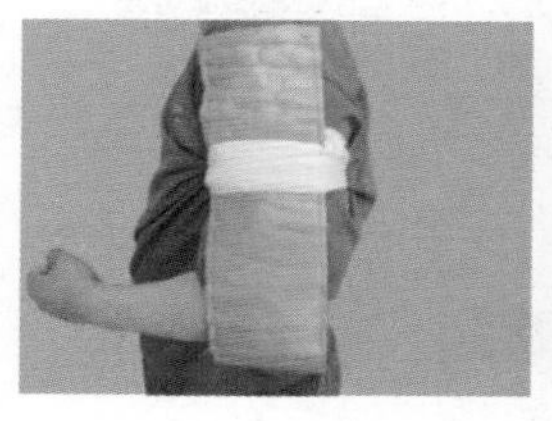

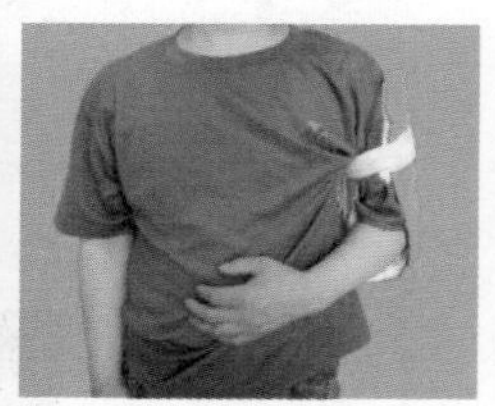

动作三:用两条折叠成带状的三角巾(宽度 2～3 指)或绷带,在骨折上下端扎紧,一般均打结于外侧靠夹板处,打结后可将多余条带塞于结与夹板间隙。

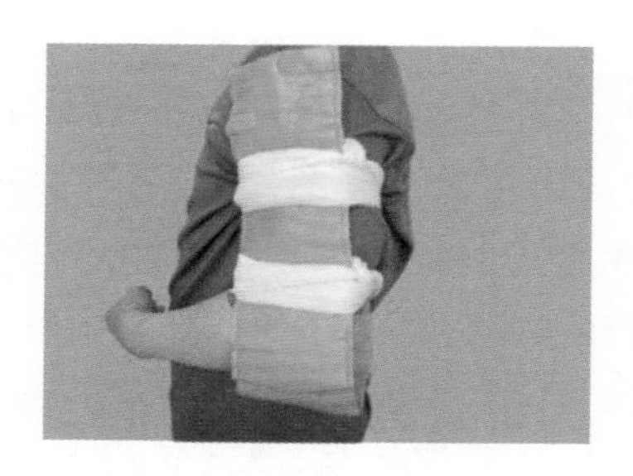

动作四:肘关节屈曲 90°,前臂用腰带、领带或三角巾以小悬臂法悬吊于胸前。必要时将上臂固定于躯干上,以加强固定。

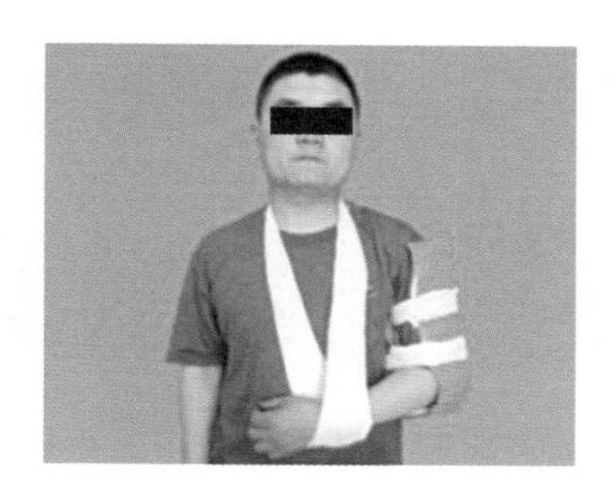

动作五：观察指端血液循环正常后，给伤员佩戴白色伤标。

动作要领：“长度过肘肩，突出加衬垫，固定上下端，屈肘吊胸前，挂上白伤标，不忘查循环。”

2. 前臂骨折夹板固定法

动作一：在前臂掌、背侧各放夹板一块，如用卷式夹板，先将卷式夹板对折，调整夹板长度不超过掌横纹，同时将夹板每边沿中线折弯，幅度以伤者前臂为标准。

动作二：关节突出部位加垫。

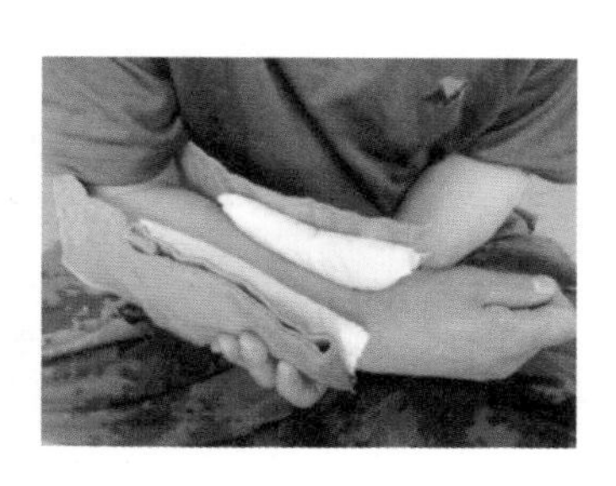

动作三：用两条折叠成带状的三角巾（宽度 2～3 指）或绷带，在骨折上下端扎紧，固定前臂于中立位，一般均打结于外侧靠夹板处，打结后可将多余条带塞于结与夹板间隙。

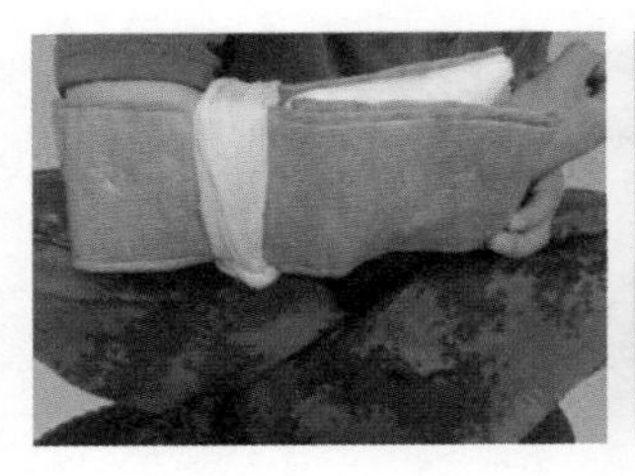
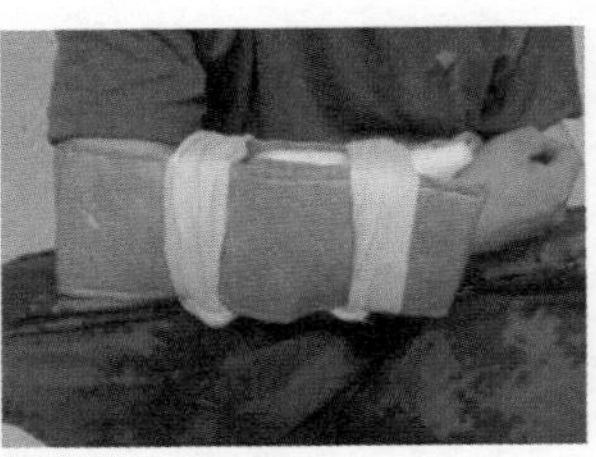

动作四:将肘关节屈曲呈 90°,前臂用三角巾以大悬臂法悬吊于胸前。

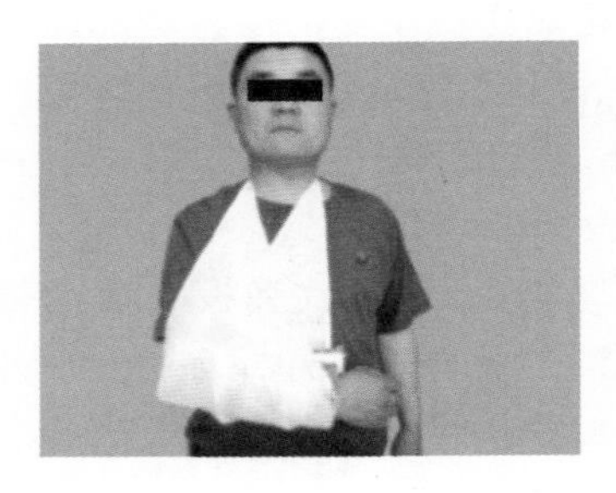

动作五:观察指端血液循环正常后,给伤员佩戴白色伤标。

若只有一块木板,可固定如下图(利用衬衣进行大悬吊)。

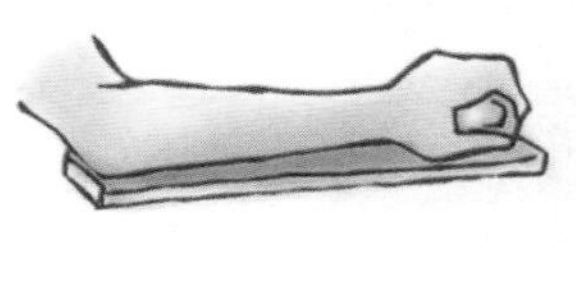

动作要领:“长度过肘肩,突出加衬垫,固定上下端,屈肘吊胸前,挂上白伤标,不忘查循环。”

3. 小腿骨折夹板固定法

动作一:用两块长度为大腿中部到足跟的木板或卷式夹板,放在小腿的内、外侧(如只有一块木板,放在小腿外侧)。

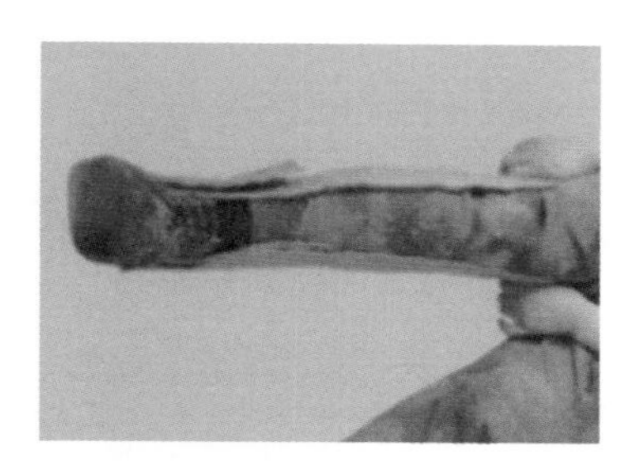

动作二:在骨突出部、关节处和空隙部位须加衬垫如膝关节及踝关节外侧。

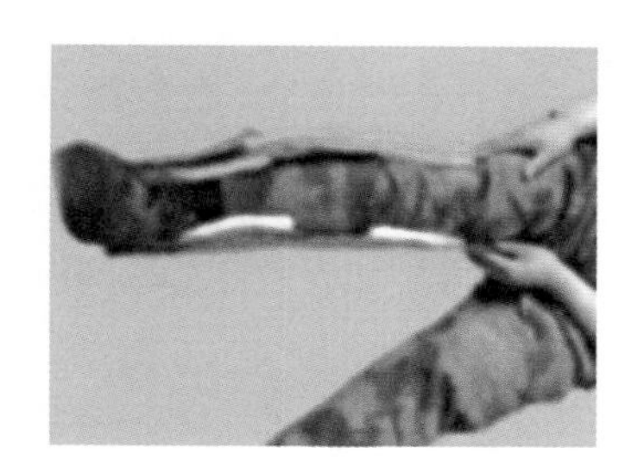

动作三:准备 5 条三角巾,折叠成带状,宽度约 3 横指,按骨折上端、骨折下端、大腿中部、膝关节、踝关节的顺序依次打结固定,关节部位条带加宽,力度加大。

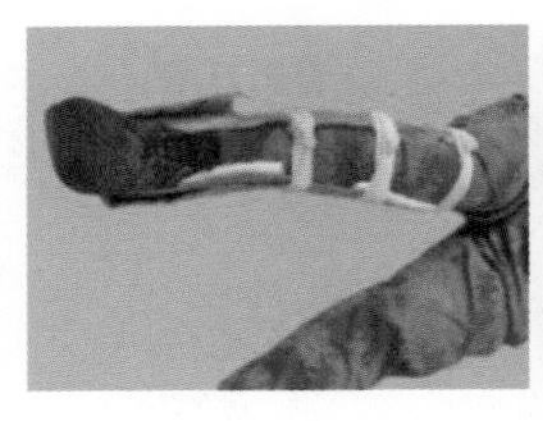
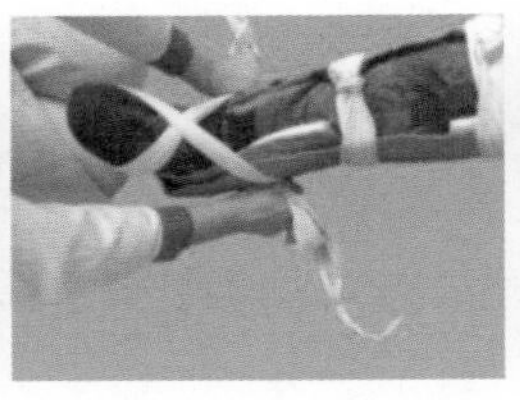

动作四：观察足趾端血液循环正常后，给伤员佩戴白色伤标。

4. 小腿骨折三角巾固定法

动作一：在两腿间的骨突出部（如膝、踝关节部）和空隙部位加垫。

动作二：准备 4 个三角巾（可用布条、床单、衣服等替代）折成条带，在骨折上端、骨折下端、膝关节、踝关节分别将伤肢与健肢固定在一起。

动作要领:“两腿要并拢,突出间隙垫,两端先固定,再定膝与踝。”

5. 就便器材固定法

动作一:将长度为腋下到足跟的木棍,放在大腿的外侧。

动作二:准备七条绳索(或者布条、衣物、床单等),按骨折上端、骨折下端、腋下、腰、髋、膝、踝的顺序打结固定,关节部位力度加大。

注意事项:采用就便器材固定时应灵活,竹竿、树枝、厚纸板、小木条等有一定强度的长条物品均可作为夹板使用,柔软的绳索、藤蔓、布条等有一定强度的条形物均可作为绳索。

骨折固定的注意事项:

(1)夹板与关节突出部要记得加垫。

(2)如果是开放性骨折,应先对伤口进行适当的包扎。

(3)一般不进行骨折复位,以免骨折断端损伤神经和血管。

(4)注意观察患肢血液循环,可通过观察指端颜色来判断,如发现指端苍白、发冷、麻木、疼痛、水肿和发绀等表现时,则应松开重新固定。

(五)搬运

搬运伤员也是救护的一个非常重要的环节。如果搬运不当,可使伤情加重,难以治疗。因此,对伤员的搬运应十分小心。

1. 扶、抱、背搬运法

(1)单人扶着行走。左手拉着伤员的手,右手扶住伤员的腰部,慢慢行走。此法适用于伤员伤势较轻、神志清醒时。

(2)肩膝手抱法。伤员不能行走,但上肢还有力量,可让伤员的手钩在搬运者的颈上。此法禁用于脊椎骨折的伤员。

(3)背驮法。先将伤员支起,然后背着走。此法禁用于脊椎骨折的伤员。

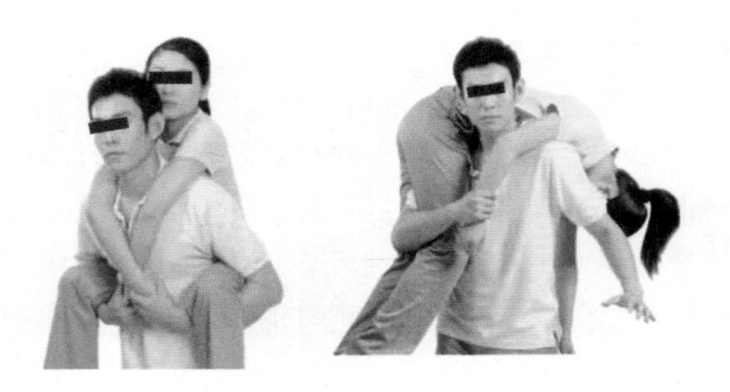

(4)双人平抱法。两名搬运者站在同侧,抱起伤员。

(5)双人拉车法。两名搬运者站在前后侧,抬起伤员。

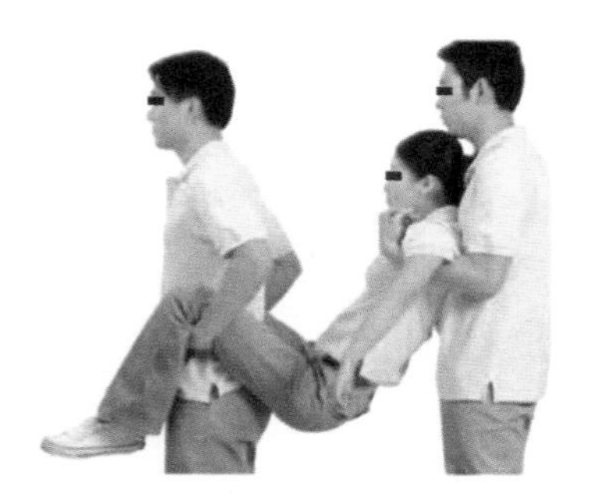

(6)多人搬运法。三人同时站于患者同侧,一人保护患者头部。

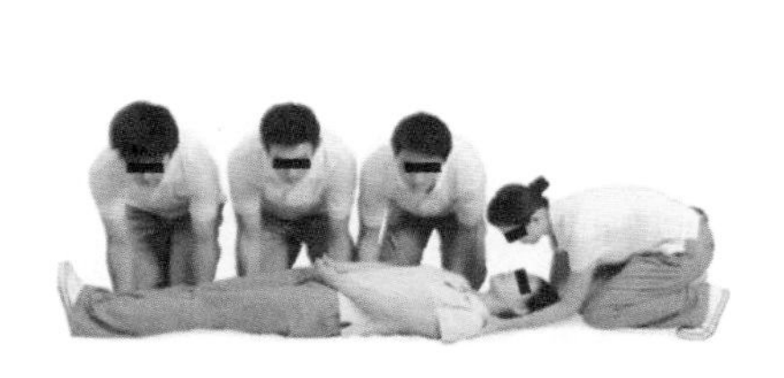

(7)毛毯搬运法。有的患者不适合徒手搬运,一时又难以找到担架等专用器械,这时可以就地取材,利用家中物品(如毛毯)进行搬运。

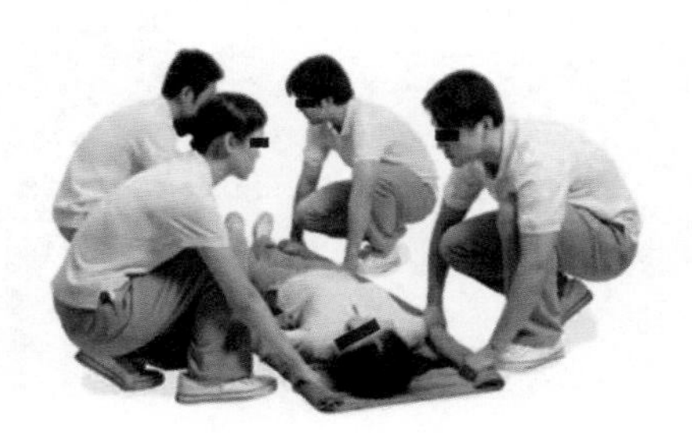

2. 几种伤情搬运

(1)脊柱骨折搬运:使用木板做的硬担架,应由 2～4 人抬起,使伤员成一线起落,步调一致。切忌一人抬胸,一人抬腿。要让伤员平躺,腰部垫一个衣服垫,然后用 3～4 根皮带把伤员固定在木板上。

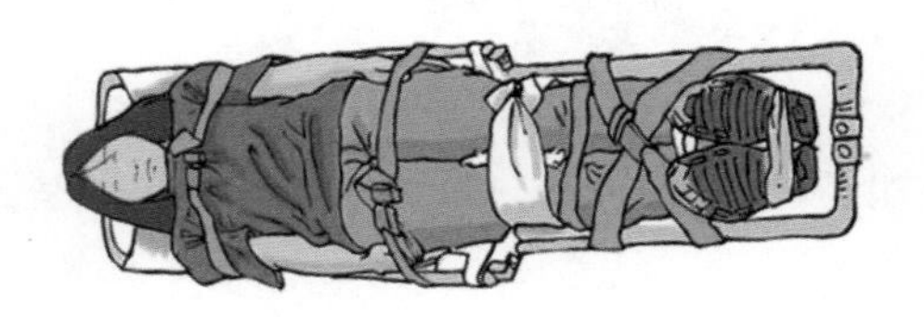

(2)颅脑伤昏迷搬运:搬运时要两人重点保护头。当在担架上应采取半卧位,头部侧向一边,以免呕吐时呕吐物阻塞气道而窒息。

(3)颈椎骨折搬运:搬运时,应由一人稳定头部,其他人以协调力量平直抬至担架上,头部左右两侧用衣物、软枕加以固定。

(4)腹部损伤搬运:严重腹部损伤者,多有腹腔脏器从伤口脱出,可采用布带、绷带固定。搬运时采取仰卧位,并使下肢屈曲。

第二部分

应急救护

一、批量伤员分类救护知识

当自然灾害、意外伤害、突发事件发生时,专业救护人员到场可能需要一段时间,因此"第一目击者"成为救人救命的关键,无论是在作业场所、家庭或在马路等户外,作为"第一目击者"首先要注意安全,评估现场情况,对伤员的人数及所处状态进行判断,分清伤情、病情的轻重缓急,尽可能地进行紧急救护。

伤员大批量时,根据伤情的轻重缓急可分为四类,将伤员分别放置于醒目的颜色区域或者使用相应颜色的彩旗。

0 类:致命伤(黑色区域):患者死亡或基本无生还可能,按照有关规定对死者进行处理。

Ⅰ类:危重伤(红色区域):严重的头部损伤、大出血、昏迷、各类休克、严重挤压伤、内脏伤、张力性气胸、颌面部损伤、颈部伤、呼吸道烧伤、大面积烧伤(30%以上)。

Ⅱ类：中重伤（黄色区域）：胸部伤、开放性骨折、小面积烧伤（30％以下）、长骨闭合性骨折等。

Ⅲ类：轻伤（绿色区域）：无昏迷、休克的头颅损伤和软组织损伤。

分检流程如下图：

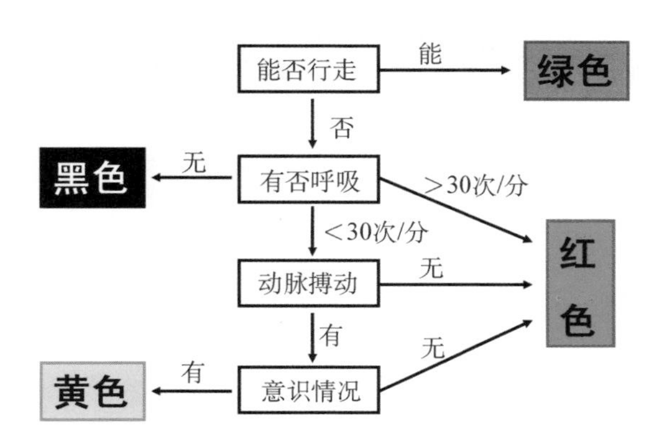

目击者较准确地按伤情轻重缓急对大批伤员进行分类救护，可配合专业救护人员使危重伤员更快速进入“绿色生命安全通道”，减少救护中的盲目性，也有利于最大限度地发挥有限救护人员的作用，把救护力量投入到最需要救护的伤员身上。

二、地　震

地震是一种自然现象，目前人类尚不能阻止地震的发生。但是，我们可以采取有效措施，最大限度地减轻地震灾害。由于地球不断运动，逐渐积累了巨大能量，在地壳某些脆弱地带造成岩层突然发生破裂或错动，是引起地震的主要原因。处于板块活跃区地震发生概率较高，宣传学习地震相关自救互救知识非常重要。

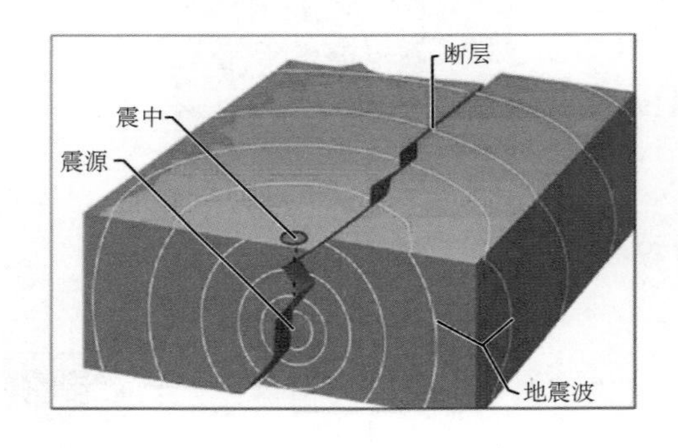

地震的大小常用震级来表示。震级是根据地震时放出能量的多少来划分的，能量越大，震级越高。地震放出能量的多少用地震仪器记录地震波的方法测定。一般的，小于 3 级的地震，人们难以感觉出来，称为微震；3～5 级地震人能感觉出来，称为有感地震；5 级以上的地震便能造成各种破坏，称为破坏性地震或强烈地震。

而地震烈度是距震中不同距离上地面及建筑物、构筑物遭受地震破坏的程度。我国将地震烈度分为12度。地震烈度和地震震级是两个概念，如唐山7.8级地震，唐山市的地震烈度是11度，天津中心市区的地震烈度是8度，石家庄的地震烈度是5度。

3度，少数人有感。

4～5度，睡觉的人惊醒，吊灯摆动。

6度，器皿倾倒，房屋轻微破坏。

7～8度，房屋破坏，地面裂缝。

9～10度，桥梁、水坝损坏，房屋倒塌，地面破坏严重。

11～12度，毁灭性破坏。

地震前兆指地震发生前出现的异常现象，如地震活动、地表的明显变化及地磁、地电、重力等地球物理异常，地下水位、水化学、动物的异常行为等。

地震前兆歌谣：

震前动物有预兆，群测群防很重要；
牛羊骡马不进圈，老鼠搬家往外逃；
鸡飞上树猪乱拱，鸭不下水狗乱咬；
冬眠蛇儿早出洞，鸽子惊飞不回巢；
兔子竖耳蹦又撞，鱼儿惊慌水面跳；
家家户户细留心，分析识别防范好。

（一）震时避险

1. 室内　应急要点：

（1）选择厨房、卫生间等开间小的地方躲避。也可以躲在墙根、内墙角、暖气包、坚固的家具旁边等易于形成三角空间的地方。远离外墙、门窗，不要使用电梯，不能跳楼。

（2）躲避时身体应采取的姿势是：蹲下或坐下，尽量蜷曲身体，降低身体重心，双手保护头部。如果有条件，还应该拿软性物品护住头部，用湿毛巾捂住口鼻。

(3)避开吊灯、电扇等悬挂物。

提示:

(1)震时要沉着冷静,及时反应。

(2)正在教室上课、工作场所工作、公共场所活动时,应迅速抱头、闭眼,在讲台、课桌、工作台和办公家具下等地方躲避。

(3)在地震第一时间关闭火源、电源、气源,处理好危险物品后,再行避险。

(4)已经脱险的人员,震后不要急于回屋,以防余震。

2. 户外　应急要点:

(1)就地选择开阔地带避险,蹲或趴下,以免跌倒。

(2)驾车行驶时,尽快降低车速,选择空旷处停车。

(3)避开高架桥、高烟囱、水塔等建筑物。

(4)避开玻璃幕墙、高门脸、女儿墙、广告牌、变压器等危险物。

(5)在野外,避开河岸、陡崖、

山脚，以防坍塌、崩塌、滑坡和泥石流。

提示：户外情况复杂，震时注意观察，选择恰当的方法避险，避免意外伤亡。

（二）震后自救

应急要点：

1. 被压埋后，如果能行动，应逐步清除压物，尽量挣脱出来。

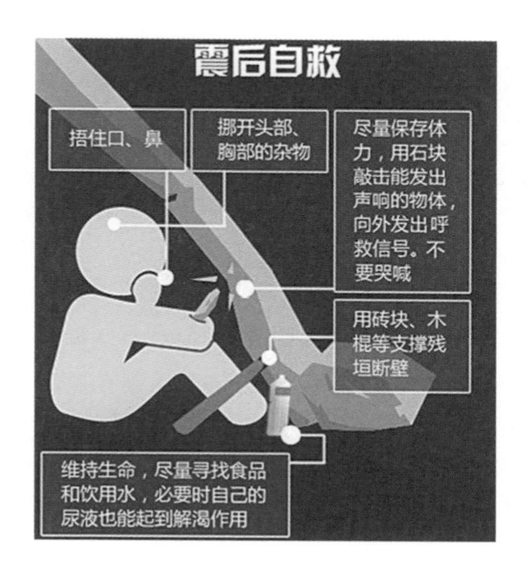

2. 要尽力保证一定的呼吸空间，如有可能，用湿毛巾等捂住口鼻，避免灰尘呛闷发生窒息。

3. 注意外边动静，伺机呼救。尽量节省力气，不要长时间呼喊，可用敲击的方法呼救。

4. 尽量寻找水和食物，创造生存条件，耐心等待救援。

(三)震后互救

应急要点：

1. 根据房屋居住情况，以及家庭、邻里人员提供的信息判断，采取看、喊、听等方法寻找被埋压者。

2. 采用锹、镐、撬杠等工具，结合手扒方法挖掘被埋压者。

3. 在挖掘过程中，应首先找到被埋压者的头部，清理口腔、呼吸道异物，并依次按胸、腹、腰、腿的顺序将被埋压者挖出来。

4. 如被埋压者伤势严重，施救者不得强拉硬拖，应设法使被埋压者全身暴露出来，查明伤情，采取包扎固定或其他急救措施。

5. 对暂时无力救出的伤员，要使废墟下面的空间保持通风，递送食品，等时机成熟再进行营救。

6. 对挖掘出的伤员进行人工呼吸、包扎、止血、镇痛等急救措施后，迅速送往医院。

提示：

1. 不要轻易站在倒塌物上。挖掘时要分清哪些是支撑物，哪些是埋压阻挡物，应保护支撑物，清除埋压阻挡物，才能保护被埋压者赖以生存的空间不遭覆压。

2. 根据伤员的伤情采取正确的搬运方法。怀疑伤员有脊柱骨折的，要用硬板担架搬运，严禁人架方式，以免造成更大伤害。

三、火　灾

在各类自然灾害中，火灾是一种不受时间、空间限制，发生频率最高的灾害。在日常工作、生活中因人的不安全因素和物的不安全状态，往往会出现消防火险，现代社会使火灾的原因及范畴大大地拓开，家庭使用的电器、煤气、电线等，石油化学工业中的大批危险品都可能引起火灾、爆炸。燃烧中产生的气体一般是指一氧化碳、二氧化碳、丙烯醛、氯化氢、二氧化硫等。这些气体都有很强或较强的毒性，对人的危害极大。如果火险周边人员能熟练掌握初期火险扑救方法，就可将隐患消除在萌芽状态。为保障人员人身安全、财产安全，全员必须参与消防工作，希望通过此手册火灾知识介绍，能提高人员的安全技能，保障社区人员在意外事件中多一份平安！

（一）基本知识

1. 火灾分类　根据国家火灾统计管理规定，按照一次火灾事故所造成的人员伤亡、受灾户数和直接财产损失，把火灾危害等级划为特大火灾、重大火灾、一般火灾三类。

特大火灾：具有下列情形之一的，为特大火灾：死亡 10 人以上（含本数，下同）；重伤 20 人以上；死亡、重伤 20 人以上；受灾 50 户以上；直接经济损失 100 万元以上。

重大火灾：具有下列情形之一的，为重大火灾：死亡 3 人以上；重伤 10 人以上；死亡、重伤 10 人以上；受灾 30 户以上；直接经济损失 30 万元以上。

一般火灾：不具有前两项情形的火灾，为一般火灾。

根据火灾的起火原因可分为四类：

A 类火灾指固体物质火灾，如木材、棉、毛、麻、纸张引起的火灾。

B 类火灾指液体火灾和可熔化的固体物质火灾，如汽油、煤油、原油、甲醇、乙醇、沥青、石蜡火灾。

C 类火灾指气体火灾，如煤气、天然气、甲烷、乙烷、丙烷、氢等引起的火灾。

D 类火灾指金属火灾，如钾、钠、镁、钛、锆、锂、铝镁合金发生的火灾。

2. 防火设施　防火分隔物是指能在一定时间内阻止火势蔓延，且能把建筑内部空间分隔成若干较小防火空间的物体。

常用防火分隔物有防火墙、防火门、防火窗、防火卷帘、防火水幕带、防火阀和排烟防火阀等。

(1)防火墙:防火墙是由不燃烧材料构成的,为减小或避免建筑、结构、设备遭受热辐射危害和防止火灾蔓延,设置的竖向分隔体或直接设置在建筑物基础上或钢筋混凝土框架上具有耐火性的墙。

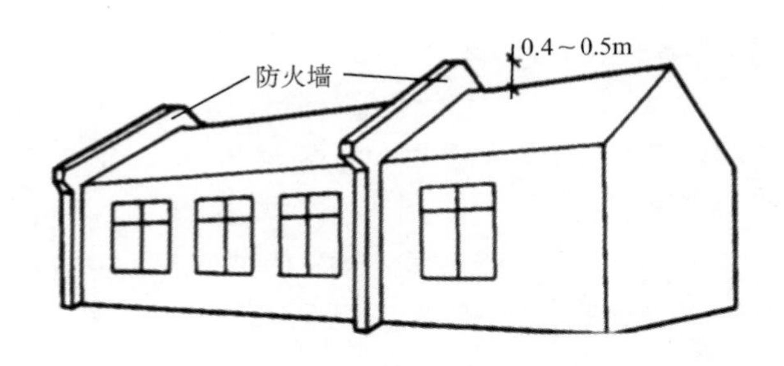

(2)防火门:防火门是指在一定时间内,连同框架能满足耐火稳定性、完整性和隔热性要求的门。它是设置在防火分区间、疏散楼梯间、垂直竖井等且具有一定耐火性的活动的防火分隔物。

(3)防火窗:防火窗是指在一定的时间内,连同框架能满足耐火稳定性和耐火完整性要求的窗。防火窗一般安装在防火墙或防火门上。

(4)防火卷帘:防火卷帘是指在一定时间内,连同框架能满足耐火稳定性和耐火完整性要求的卷帘。

(5)防火阀:防火阀是指在一定时间内能满足耐火稳定性和耐火完整性要求,用于通风、空调管道内阻火的活动式封闭装置。

(6)排烟防火阀：排烟防火阀是安装在排烟系统管道上，在一定时间内能满足耐火稳定性和耐火完整性要求，起阻火隔烟作用的阀门。

(二)火灾事故的急救和自救

1. 楼房失火的自救　社区内高楼甚多，教学楼、住宅楼、商用楼等多半是多层建筑，少者五六层，多者十多层。一旦你所在的楼层出现失火，先要冷静迅速地探明起火的地点和方位，再确定当时的风向(透过窗户观察云彩飘动、树枝摇摆、烟囱冒出的烟等)，在火势还未蔓延之前，朝逆风的方向快速离开。这时切记不要惊慌失措，盲目乱窜，否则极有可能接近火源。用一块湿毛巾堵住自己的口鼻，防止吸入有毒的气体。同时，你还应该将身上的衣服用水打湿，这样可以防止被火烧着。脱离火灾现场时，要沿着防火梯朝楼的底层跑。如果中途防火梯已被堵死，则要向屋顶跑，并将楼梯间的窗户玻璃打碎，向外高声呼救，让救援人员知道你的确切位置，以便及时采取正确的营救措施；在逃跑过程中禁止使用电梯。

在没绳子、皮带和竹竿的情况下，可用被单、被套和长裤撕成条状结起来当绳子荡下来，也可顺排水管滑下来。若有小孩、老人、病人等被火围困在楼上，更应用被子或毛毯之类的东西包好，用上述办法及早抢救脱险。

2. 住宅失火的自救

(1)油锅着火时，可垫上抹布、毛巾等物品，把锅迅速端离火源,并用锅盖将火压灭。如果烧的是煤气或油气,要先关气门,再用锅盖压灭。如果旁边有切好的青菜,也可将菜抛入锅内,以助灭火。

(2)如果是液化气罐着火,可先用湿毛巾等堵塞漏气冒火处,将火压灭,再进行修理(最好能与煤气公司取得联系)。如果火势已大,应一面用干粉灭火器扑救,一面向消防队报警。

(3)衣服、被褥、棉花等物着火,可用水浇灭。汽油着火可用沙土埋灭,如用干粉灭火器则更好。

(4)儿童玩火着火,应马上就地取材进行灭火,如用毛毯、棉被迅速将火焰盖住,然后浇水扑打,将火焰扑灭。如有条件时,应迅速撤离其他可燃物品。

3. 身上着火的自救

(1)不能奔跑,就地打滚。

(2)如果条件允许,可以迅速将着火的衣服撕开脱下,浸入水中,或打,或踩,或用灭火器、水扑灭。

(3)倘若附近有河、塘、水池之类,可迅速跳入浅水中,但是,如果人体烧伤面积太大或烧伤程度较深,则不能跳水,防止细菌感染或其他不测。

(4)如果有2名以上的人在场,未着火的人需要镇定、沉着,立即用随手可以拿到的麻袋、衣服、扫帚等朝着火人身上的火点覆盖,扑、掼,或帮他撕下衣服,或用湿麻袋、毛毯把着火人包裹起来。

(5)用水浇灭,注意不能用灭火器直接往人体上喷射。

4. 烟雾中逃生

(1)越过烟雾,逃离火场。当楼梯间或走廊内只有烟雾,而没有被火封锁时，最基本的方法是，将脸尽量靠近墙壁和地面，因为此处有少量的空气层。避难姿势是将身体卧倒，使手和膝盖贴近地板，用手支撑，沿着墙壁移动，从而逃离现场。用浸湿的毛巾或手帕捂住嘴和鼻，也能避免吸入烟雾。有的人将衬衣浸湿蒙住脸，可脱离危险区。

(2)关闭通向楼道的门窗。当楼梯和走廊中烟雾弥漫、被火封锁而不能逃离时，先要关闭通向楼道的门窗。用湿布或湿毛毯等堵住烟雾侵袭的间隔，打开朝室外开的窗户，利用阳台和建筑的外部结构避难。应将上半身伸出窗外，避开烟雾，呼吸新鲜空气，等待救助。

(3)积极呼救。当听到或看到地面上或楼层内的救护人员行动时，要大声呼救或将鲜艳的东西伸出窗外，这时救护人员就会发现有人被困而采取措施进行抢救，将你救离险区。

(三)火灾的应急要点

火灾发生有很大的偶然性，一旦火灾降临，在浓烟毒气和烈焰包围下，不少人葬身火海，但也有人死里逃生，幸免于难。面对滚滚浓烟和熊熊烈焰，只要冷静机智运用火场自救与逃生知识，就有极大可能拯救自己。因此，多掌握一些火场自救的要诀，险境中也许就能获得第二次生命。

第一，逃生预演，临危不乱。

每个人对自己工作、学习或居住所在的建筑物的结构及逃生路径要做到了然于胸，必要时可集中组织应急逃生预演，使大家熟悉建筑物内的消防设施及自救逃生的方法。这样，火灾发生时，就不会觉得走投无路了。

第二,熟悉环境,暗记出口。

当你处在陌生的环境时,如入住酒店、商场购物、进入娱乐场所时,为了自身安全,务必留心疏散通道、安全出口及楼梯方位等,以便关键时候能尽快逃离现场。

第三,通道出口,畅通无阻。

楼梯、通道、安全出口等是火灾发生时最重要的逃生之路,应保证畅通无阻,切不可堆放杂物或设闸上锁,以便紧急时能安全迅速地通过。

第四,保持镇静,明辨方向,迅速撤离。

突遇火灾,面对浓烟和烈火,首先要强令自己保持镇静,迅速判断危险地点和安全地点,决定逃生的办法,尽快撤离险地。千万不要盲目地跟从人流和相互拥挤、乱冲乱窜。撤离时要注意,朝明亮处或外面空旷地方跑,要尽量往楼层下面跑,若通道已被烟火封阻,则应背向烟火方向离开,通过阳台、气窗、天台等往室外逃生,不乘坐电梯,不盲目跳楼。

第五,不入险地,不贪财物。

在火场中,人的生命是最重要的。身处险境,应尽快撤离,不要因害羞或顾及贵重物品,而把宝贵的逃生时间浪费在穿衣或寻找、搬离贵重物品上。已经逃离险境的人员,切莫重返险地。

第六,简易防护,蒙鼻匍匐。

逃生时经过充满烟雾的路线,要防止烟雾中毒、预防窒息。

发生火灾时不贪恋财物

为了防止火场浓烟呛入，可采用毛巾、口罩蒙鼻，匍匐撤离的办法。烟气较空气轻而飘于上部，贴近地面撤离是避免烟气吸入、滤去毒气的最佳方法。

第七，火已及身，切勿惊跑。

火场上的人如果发现身上着了火，千万不可惊跑或用手拍打，因为奔跑或拍打时会形成风势，加速氧气的补充，促旺火势。当身上衣服着火时，应赶紧设法脱掉衣服或就地打滚压灭火苗；能及时跳进水中或让人向身上浇水、喷灭火剂就更有效了。

（四）日常防火的常识

日常防火，防患于未然最重要，养成良好的生活习惯，掌握防火、用火安全常识，是最好的防范。

1. 发现火灾迅速拨打119电话。报火警的内容：发生火灾的单位或个人的详细地址；起火物；火势情况；有没有人员被困；报警人姓名、电话等。

2. 养成良好习惯，不要随意乱扔未熄灭的烟头和火种，不能在酒后、疲劳状态和临睡前在床上和沙发上吸烟。

3. 夏天点蚊香应放在专用的架台上，不能靠近窗帘、蚊帐等易燃物品。

4. 不随意存放汽油、酒精等易燃易爆物品，使用时要加强安全防护。

5. 使用明火要特别小心，火源附近不要放置可燃、易燃物品。

小孩不能玩火

6. 焊割作业火灾危险大，作业前要清除附近易燃可燃物，作业中要有专人监护，防范高温焊屑飞溅引发火灾，作业后要检查是否遗留火种。

7. 发现煤气泄漏，速关阀门，打开门窗，切勿触动电器开关盒使用明火，并迅速通知专业维修部门来处理。

8. 不能超负荷用电，不乱拉乱接电线，要经常检查电气线路，防止老化、短路、漏电等情况，电器线路破旧老化要及时修理更换。电路保险丝(片)熔断，切勿用铜线、铁线代替，提倡安装自动空气开关。

9. 离开住处或睡觉前要检查用电器具是否断电，总电源是否切断，燃气阀门是否关闭，明火是否熄灭。

10. 切勿在走廊、楼梯口、消防通道等处堆放杂物，要保证通道和安全出口的畅通。

11. 家庭和单位配备必要的消防器材并掌握使用方法，制订消防安全计划，绘制逃生疏散路线图，及时检查，定期组织逃生疏散演练。

(五)灭火剂及灭火器使用方法

1. 常用灭火剂

(1)最廉价的灭火剂——水：由于水具有较高的比热和潜化热，因此在灭火中其冷却作用十分明显，其灭火机制主要依靠冷却和窒息作用进行灭火。主要缺点是产生水渍损失和造成污染。

(2)泡沫灭火剂：通过与水混溶、采用机械或化学反应的方法产生泡沫的灭火剂。主要通过冷却、窒息作用灭火。泡沫灭火剂的灭火机制是在着火的燃烧物表面形成一个连续的泡沫层，本身和所析出的混合液对燃烧物表面进行冷却，以及通过泡沫层的覆盖作用使燃烧物与氧隔绝而灭火。泡沫灭火剂的主要缺点是水渍损失和污染,不能用于带电火灾的扑救。

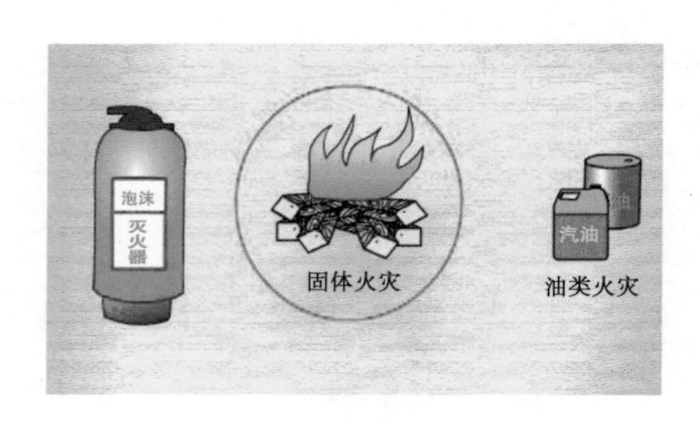

(3)干粉灭火剂:用于灭火的干燥、易于流动的微细粉末,由具有灭火效能的无机盐和少量添加剂组成。通过化学抑制和窒息作用灭火。分为BC干粉和ABC干粉两类。干粉灭火剂主要通过在加压气体的作用下喷出的粉雾与火焰接触、混合时发生的物理、化学作用灭火。一是靠干粉中的无机盐的挥发性分解物与燃烧过程中燃烧物质所产生的自由基或活性基发生化学抑制和负化学催化作用,使燃烧的链式反应中断而灭火;二是靠干粉的粉末落到可燃物表面上,发生化学反应,并在高温作用下形成一层覆盖层,从而隔绝氧窒息灭火。干粉灭火剂的主要缺点是对于精密仪器易造成污染。

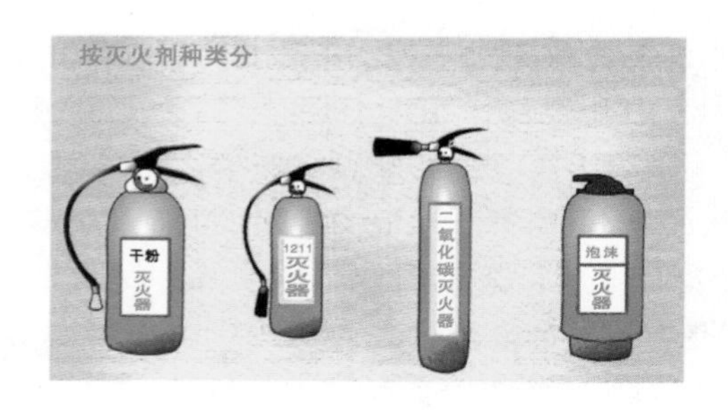

（4）二氧化碳灭火剂：二氧化碳是一种气体灭火剂，在自然界中存在也较为广泛，价格低、获取容易，其灭火主要依靠窒息作用和部分冷却作用。主要缺点是灭火需要浓度高，会使人员受到窒息毒害。禁止用于钾、钠、镁等金属元素火灾的扑救中。

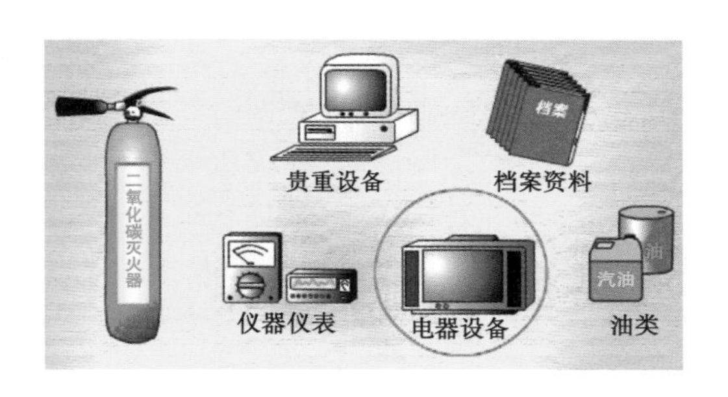

（5）卤代烷灭火剂：灭火机制是卤代烷接触高温表面或火焰时，分解产生的活性自由基，通过溴和氟等卤素氢化物的负化学催化作用和化学净化作用，大量捕捉、消耗燃烧链式反应中产生的自由基，破坏和抑制燃烧的链式反应，而迅速将火焰扑灭；是靠化学抑制作用灭火。另外，还有部分稀释氧和冷却作用。卤代烷灭火剂主要缺点是破坏臭氧层。目前常用的卤代烷灭火剂有1211和1301两种。

2. 灭火器使用　灭火器的检查：灭火器作为扑救初期火灾常用的消防器材，因其简单灵活、易于操作等特点在各类火灾危险场所得到普遍应用。因此，及时对灭火器检查维护和保养是保证灭火器发挥其效能的关键，同时也是保障人员及财产安全的需要。使用单位应当至少每12个月自行组织或委托维修单位对所有灭火器进行一次功能性检查，例如，对于常用灭火器，不能乱动乱拆，否则会造成灭火器失去密封或影响其结构强度，有的灭火器筒体有锈蚀、变形；灭火器的橡胶、塑料变形、变色、老化、断裂的；压力表有变形、损伤等缺陷的；喷嘴有变形、损伤、开裂等缺陷

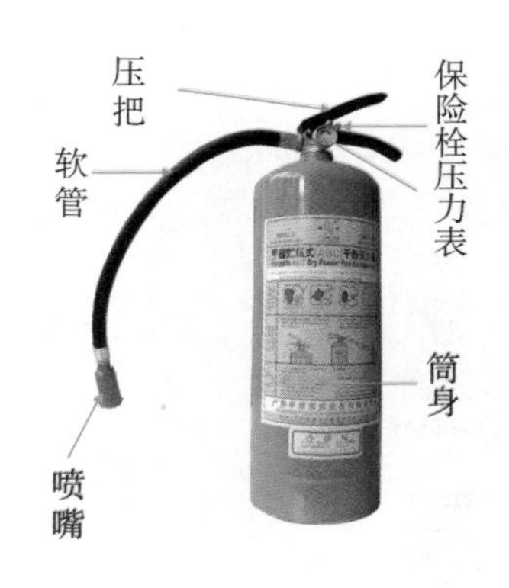

的;灭火器的压把、阀体等金属件有严重变形、损伤、锈蚀,顶针有肉眼可见缺陷的;灭火器的出气管有堵塞、损伤、裂纹等缺陷,还有的灭火器周围可能有油污、酸碱液体等,这些都有可能影响灭火器的正常使用。当发现以上情况,应立即告知有关部门,以便火灾发生时,使灭火器充分发挥其功效。

(1)手提式灭火器

①干粉灭火器使用方法

a. 当发生火灾时边跑边将筒身上下摇动数次。

b. 拔出保险销,筒体与地面垂直,手握胶管。

c. 选择上风位置接近火点,将皮管朝向火苗根部。

d. 用力压下压把,摇摆喷射,将干粉射入火焰根部。

e. 熄灭后,以水冷却除烟。

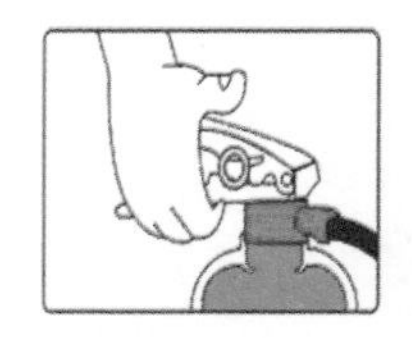
1.提起灭火器

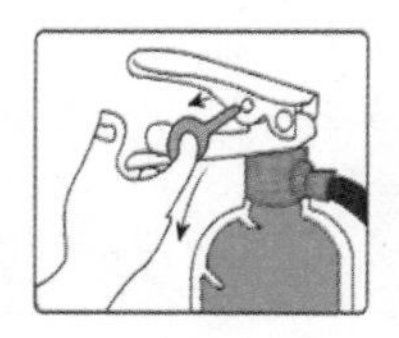
2.拔下保险销

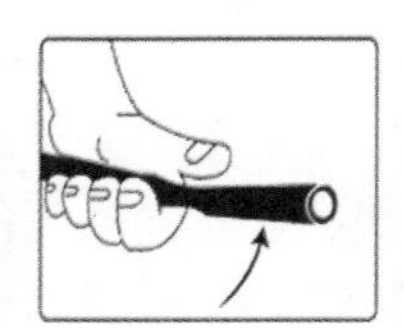
3.握住胶管

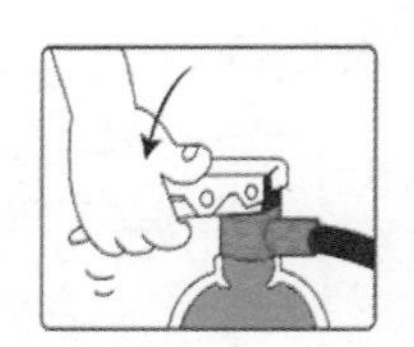
4.对准火苗根部扫射

②二氧化碳灭火器使用方法

a. 使二氧化碳尽可能多地喷射到燃烧区域,使之达到灭火浓度而使火焰熄灭。

b. 在喷射过程中,灭火器应始终保持直立状态,不要平放或颠倒使用。

c. 不要用手直接握住喷筒或金属管,以防冻伤手。

d. 室外使用时，要处在上风方向喷射。尽量避免在室外大风条件下使用，因为喷射的二氧化碳气体易被风吹散，所以灭火效果很差。

e. 在狭小密闭的空间使用后，使用者要迅速撤离，以免因二氧化碳而窒息，发生意外。

f. 扑救室内火灾后，应先打开门窗通风，然后人再进入，以防窒息。

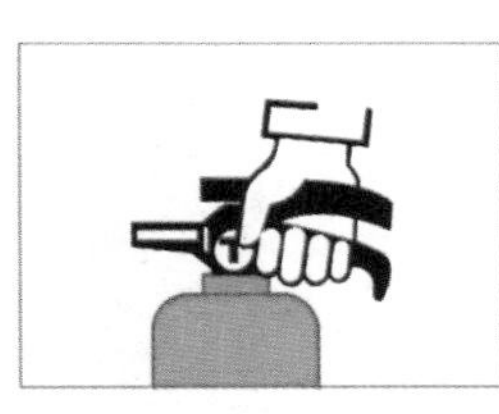

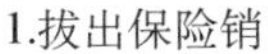

1.拔出保险销　　2.按下压把　　3.对准火焰根部扫射

（2）推车式灭火器

①当发生火灾时将灭火器推至现场。

②拔出保险销，筒体与地面垂直，手握胶管。

③选择上风位置接近火点,将皮管朝向火苗根部。

④用力按下压把,摇摆喷射,将干粉射入火焰根部。

⑤熄灭后,以水冷却除烟。

注意事项:灭火时应顺风不宜逆风。

(3)消火栓:消火栓是与自来水管网直接连通的,随时打开都会有3kg左右压力的清水喷出。它适合扑救木材、棉絮类火灾。

使用方法:室内消火栓一般都设置在建筑物公共部位的墙壁上,有明显的标志,内有水带和水枪,当发生火灾时:

①找到离火场距离最近的消火栓,打开消火栓箱门。

②敲破报警器玻璃面,按动报警器。

③取出水带,将水带的一端接在消火栓出水口上,另一端接好水枪,拉到起火点附近后方可打开消火栓阀门。

注意事项:在确认火灾现场供电已断开的情况下,才能用水进行扑救。

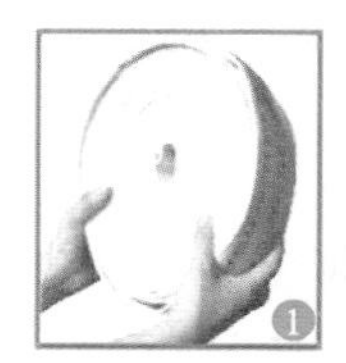

打开或击碎箱门，取出消防水带

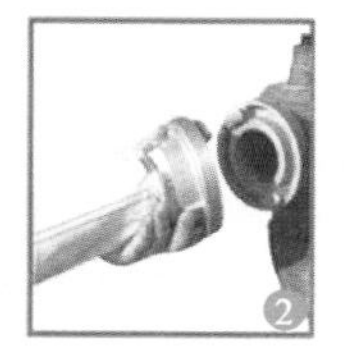

水带一头接在消火栓接口上

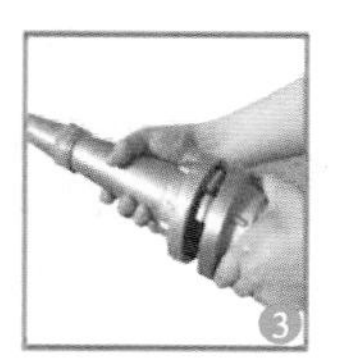

另一头接上消防水枪

按下箱内消火栓启泵按钮

打开消火栓上的水阀开关

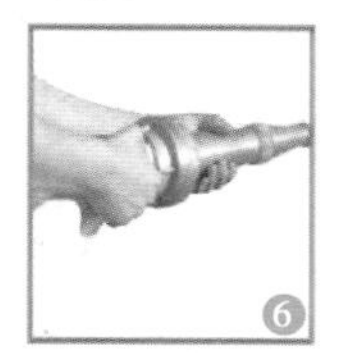

对准火源根部，进行灭火

四、交通事故

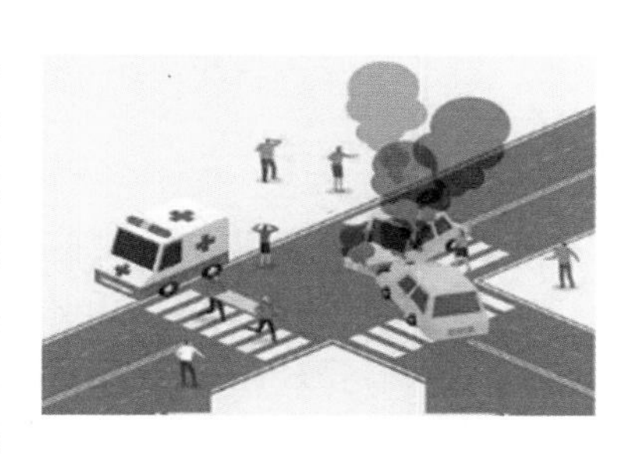

交通事故俗称“车祸”，交通事故包括火车、汽车、地铁、摩托车、自行车等交通工具造成的意外事故。交通事故是人类死亡的第五大要因，仅次于心脏病、癌症、突发病（脑卒中）和肺炎，交通事故占各种事故死亡的比重最大（占各种事故死亡总数的50％左右）。

（一）基本知识

据世界卫生组织统计，全世界每年有120多万人死于交通事故，数百万人受伤或致残。全球每年交通事故造成的经济损失高达5180亿美元,其中发展中国家占1000亿美元。根据造成的人员伤亡及经济损失可将事故分为以下几种。

轻微事故:一次造成轻伤1~2人,或者财产损失机动车事故不足1000元,非机动车事故不足200元的事故。

一般事故:一次造成重伤1~2人,或者轻伤3人以上,或者财产损失不足3万元的事故。

重大事故:一次造成死亡1~2人,或者重伤3人以上10人以下,或者财产损失3万元以上不足6万元的事故。

特大事故:一次造成死亡3人以上,或者重伤11人以上,或者死亡1人,同时重伤8人以上,或者死亡2人,同时重伤5人以上,或者财产损失6万元以上的事故。一次死亡30人及其以上或直接经济损失在500万元及其以上的事故又称特别重大交通事故。

在车祸中死亡的人里,有的本可挽回生命;受伤的人里,有的本可避免或减轻伤残,但事实上却未能挽回或避免。究其原因,往往是因为现场人员救护不当造成伤员伤情加重、不会抢救措施或因其他原因的延误而失去抢救时间等导致不该发生的死亡和伤残。因此学习交通事故的急救与自救非常重要。

(二)救护方法

1. 抢救基本要点及关键

(1)交通事故现场抢救基本原则

①先人后物。先抢救人员,后抢救财物。

②先重后轻。先抢救重伤人员,后抢救轻伤人员。

③先他人后自己。尤其是驾驶员、乘务员等要积极组织抢救乘客,不能只顾自己,而不抢救别人。

④遇到伤员被挤压,尤其是在车辆内,不要生拉硬拖,而要视情况,采取机械拉开或切开车辆等办法,再救伤员。

⑤现场急救时,可拦截过往车辆求救,也可视情况向附近的

公安、交通、医疗部门呼救，再转往医院。总之，抢救得及时就可能挽救一条生命。尽一切可能挽救生命，减小伤残率！

(2)交通事故现场救护关键

①抢时间。“白金 10 分钟、黄金 1 小时”，最初的 10 分钟、1 小时内的抢救是最关键的，正确的早期救护可以挽救伤员的生命和减低伤残，所以要快速呼叫“急救中心 120”，如有需要可呼叫“交通事故 122”“火警 119”。

②防止脊椎错位和脊髓损伤。

(3)交通事故避险要点

①行人和机动车驾驶员应遵守交通规则。禁止酒后驾驶、无证驾驶、疲劳驾驶、带故障行车、超速驾驶。要系好安全带。

②发生交通事故后应立即逃出车厢，迅速在就近的低于事故地点高度的安全地段休整、自救与互救，因为发动机和油箱瞬间可能发生火灾或爆炸。

③撞车时，坐车者双手护头，从座位下滑，减少撞击力。

④汽车翻滚时，坐车者双手应紧紧抓住车的某一部位，身体紧靠在座位上。

2. 交通事故自救方法

(1)行人交通事故:行人发生交通事故多由闯红灯、不走人行横道、不注意观察、斜穿或突然猛跑、折返,造成车辆躲闪不及引起。

应急救护要点:

①行人与车辆发生交通事故后,在不能自行协商解决的情况下,应立即电话报警。

②遇到肇事者驾车或弃车逃逸的情况,应记下肇事车辆牌号、车型、颜色及其逃逸方向等有关情况,及时提供给交警。

③受伤者如伤势较重,应求助周围群众报警并拦住肇事车辆。

(2)非机动车交通事故:非机动车发生交通事故主要由违反交通信号指示、在机动车道内行驶、违规带人引起。

应急救护要点:

①非机动车之间发生事故后,在无法自行协商解决的情况下,应迅速保护好事故现场。

②非机动车与机动车发生事故后,应立即拨打 122 电话报警。遇到机动车逃逸,应记下肇事车辆牌号、车型、颜色等特征及其逃逸方向提供给交警。

(3)乘车人交通事故:乘车人交通事故主要原因是,乘坐小轿车不系安全带、乘坐二轮摩托车不戴头盔、开关车门时不注意避让过往车辆和行人、乘坐过度疲劳或饮酒后驾驶的车辆。

应急救护要点:

①乘坐任何车辆,发现可疑物,应迅速通知司乘人员,并撤离到安全位自行处置。

②遇火灾事故,应迅速撤离着火车辆,不要围观。

③乘坐货运机动车、农用运输车和拖拉机等载货汽车，应按核定载客数内乘坐，不要坐在货运车厢内。

④乘车时不要将身体的任何部分伸出车外，不要向车外抛洒物品。

⑤乘坐车辆时，发现驾驶人有酒后驾车、疲劳驾驶等违章行为时，制止其继续驾驶。

(4)机动车交通事故：机动车交通事故主要由超速行驶、逆向行驶、酒后驾驶、无证驾驶等引起。

应急救护要点：

①发生交通事故后应立即停车，保护现场，开启危险报警闪光灯，并在 50～100m 处设置警示标志。

②发生未造成人身伤亡的交通事故时，当事人对事实无争议的，应记录时间、地点、当事人的姓名和联系方式、机动车牌号、驾驶证号、碰撞部位，共同签名后，撤出现场，自行协商损害赔偿事宜。

③车辆撞击失火时，驾驶人应立即熄火停车，切断油路、电源，让车内人离开车辆。

④车辆翻车时，驾驶人应抓紧方向盘，两脚钩住踏板，随车体旋转。人趴到座椅上，抓住车内固定物。

⑤车辆落水时，若水较浅未全部淹没车辆，应设法从车

门处逃生;若门难以打开,可用锤子等铁器打开车门或车窗逃生。

⑥车辆突然爆胎时,不可急刹车,应缓慢放松油门,降低速度,再慢慢靠边停。

⑦车辆在行进间制动失效时,应不断踩踏制动板,拉起驻车器,观察周围并不断按喇叭以警告其他车辆和行人,同时要迅速换到低速挡位,利用负驱动力减速,并利用上坡使车辆慢慢停下来。

⑧车辆翻车后,不急于解开安全带,先调整身姿:双手先撑住车顶,双脚蹬住车两边,确定身体固定,一手解开安全带,慢慢把身子放下来,再打开车门;确定车外没有危险后再逃出车厢,避免汽车停在危险地带,或被旁边疾驰的车辆撞伤;逃生先后:如果前排乘坐了两个人,应副驾人员先出,因为副驾位置没有方向盘,空间较大,易出;如果车门因变形或其他原因无法打开,应考虑从车窗逃生。如果车窗是封闭状态,应尽快敲碎玻璃。由于前挡风玻璃的构造是双层玻璃且含有树脂,不易敲碎,而前后车窗则是网状构造的强化玻璃,敲碎一点即整块玻璃就全碎,因此应用专业锤在车窗玻璃一角的位置敲打。

(5)民用航空事故:民用航空事故往往是由机械故障、人为因素和恶劣气象造成的,处置不当极易酿成机毁人亡的严重灾难。

应急救护要点:

①遇空中减压,应立即戴上氧气面罩。飞机在海洋上空发生险情时,要立即穿上救生衣。

②空中遇险时,个人应将眼镜和义齿摘掉,衣裤袋里的尖利物品都应丢进垃圾袋,女士应脱去高跟鞋。

③遇有失事报警,赶紧准备一条湿毛巾,以备机舱内有烟雾时掩住口鼻。

④多数飞机每个座位上都有一条保暖用的小毛巾被,这时可将毛巾被的 4 个角,两两打成死结。太平门打开后,充气逃生梯

会自动膨胀，这时两手各紧抓住毛巾被的一个死结举在头上，当做微型降落伞使用，可防止头部先着地。

⑤飞机紧急迫降后，要听从工作人员指挥，迅速有序地由紧急出口滑落至地面。

（6）铁路交通事故：人为破坏、人畜违章进入行车安全区域、机动车抢越道口、行车设备损坏、自然灾害等原因都可造成列车停车、冲撞、脱轨甚至颠覆等灾难性事故。

应急救护要点：

①运输危险品货物的列车发生泄漏、火灾、爆炸时，车上人员应迅速向上风方向或高坡地段转移。

②发现电气化区段电网塌网、导线坠地、电杆倒杆等情况，及时向铁路部门报告或拨打电话报警。

③发现跨越铁路的桥梁、高压线坍塌、倒地，大水冲毁桥梁或线路，机动车从桥上坠落或与铁路并行时侵入铁路限界，要及时向铁路部门报告或拨打电话报警，并对列车来车方向使用红色信号（灯光）或物品，徒手可高举过头向两侧急剧摇动，提示列车停车。

④机动车在道口内熄火、断轴、装载的货物脱落，要及时报告铁路值班人员，由铁路值班人员做好防护或拦停列车后，再实施救援处理。

3. 交通事故互救方法

（1）有效地抢救伤员，首先迅速判断伤者有无生命危险

①如果伤员已经昏迷，对外界刺激反应消失，或瞳孔两侧大小不等，呼吸不规则，脉搏不清，均说明情况严重。对神志昏迷的伤员，应注意保持呼吸道通畅，如果口腔中有呕吐的食物、痰、血块等异物，应予以及时清除，并使伤员的头后仰，以防堵塞呼吸道，造成窒息死亡。

②如果伤员的心跳呼吸停止，应立即胸外心脏按压和人工呼吸。

③如果伤员出现烦躁不安、脉搏变弱而快、呼吸急促、颜面苍白等情况,说明伤者有大出血,并已进入休克状态,此时应抓紧时间送医院。

(2)进行伤口止血和包扎

①对于伤口出血的伤员要及时给予止血,最好的方法是用绷带加压包扎止血(见急救技术)。应用这种止血方法,可以使肢体的远端仍存在血液循环,防止肢体缺血,比较安全和方便。

②如有喷射状大出血,加压包扎无效,可运用止血带(或布条)扎紧肢体近端。在使用止血带时,应记录结扎时间,一般上肢不超过1小时,下肢不超过一个半小时;如果时间过久,会造成肢体坏死。若转运伤员时间较长,要定时放松止血带5分钟,防止肢体坏死。

③断指、断趾的保存、运送方法

a. 若出现肢体离断,肢体残端立即进行加压包扎,收集离断的肢体,将伤者送往医院。

b. 离断肢体禁止与化学物质接触,不能用碘伏、乙醇等任何消毒液消毒。

c. 将离断的肢体用塑料薄膜包好,存放于0~4℃的环境下(禁止在冰水中浸泡),随伤者一同送入医院救治。

④由于交通事故一般发生在野外,伤口可能有砂粒沾染,所以现场处理要格外小心,对伤口表面的异物要小心取掉或清水冲洗。外露的骨折端不要复位,以免将污染的脏物带入深部。

(3)正确进行搬运、护送(详见急救技术)。

4. 交通事故的预防　除提高交通安全意识、掌握基本的交通安全常识外,还必须自觉遵守交通法规,才能保证安全。

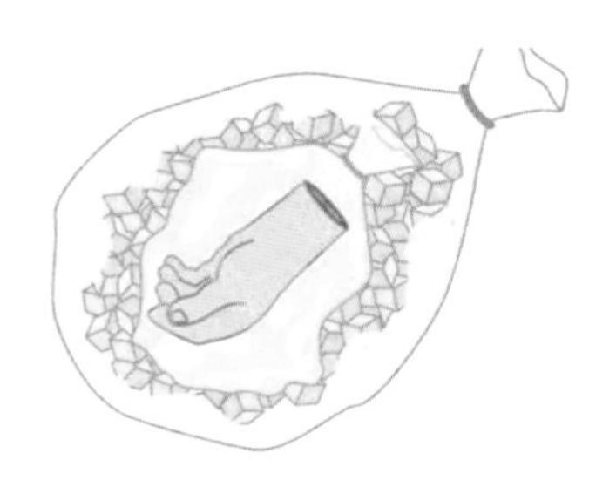

(1)车辆驾驶人员必须经有资格的培训单位培训并考试合格后方可持证上岗。

(2)在道路上行走,应走人行道,无人行道时靠右边行走。走路时要集中精力,“眼观六路,耳听八方”;不与机动车抢道,不突然横穿马路、翻越护栏,过街走人行横道;不闯红灯,不进入标有“禁止行人通行”“危险”等标志的地方。横过马路时须走过街天桥或地下通道,没有天桥和地下通道的地方应走人行通道;在没画人行横道的地方横过马路时要注意来往车辆,不要斜穿、猛跑;在通过十字路口时,要听从交通民警的指挥并遵守交通信号;在设有护栏或隔离墩的道路上不得横过马路。

(3)乘坐交通工具。乘坐市内公共交通工具应等车停稳后依次上车,不挤不抢。车辆行驶中不得把身体伸出窗外;乘坐长途客车、中巴车时,不能贪图便宜乘坐车况不好的车,不要乘坐“黑巴”“摩的”,因为这些车辆安全没有保障。乘坐火车、轮船、飞机时必须遵守车站、码头和机场的各项安全管理规定。

(4)汽车在出入小区大门时,以及在小区内道路上行驶时,应按要求不得超速。

(5)装卸货物时不得超载、超高。

(6)装载货物的车辆,随车人员应坐在指定的安全位置,不得站在车门踏板上,也不得坐在车厢侧板上或坐在驾驶室顶上。

(7)电瓶车进入厂房或社区内,装载易燃易爆、有毒有害物品时严禁乘人。

(8)铲车在行驶时,无论空载还是重载,其车铲距地面不得小于300mm,但也不得大于500mm。

(9)严禁任何人站在铲车或铲车的货物上随车行驶,也不得站在铲车车门上随车行驶。

(10)严禁驾驶员酒后驾车、疲劳驾车、非驾驶员驾车、争道抢行等违章行为。

(11)骑自行车时,严禁带人、双撒把或速度过快,更不得与机动车辆抢道争快。

(12)乘坐汽车时的安全防范措施

①乘坐公共汽车、电车和长途汽车,须在站台或指定地点依次候车,待车停稳后,先下后上。下车后,不要突然从车前车后走出或猛跑穿越马路,防止被来往车辆撞上。

②不要在车行道上招呼出租车,以免被疾驰而至的汽车、自行车撞伤。

③车辆行进中,不要将身体的任何部分伸到车外,防止被车辆剐撞,或被树木、建筑物剐撞。同时,机动车在行驶中,严禁乘车人扒车和跳车。

④乘坐货车时,不要站立,更不可坐在车厢栏板上。因人站在车中,人体重心升高,栏板过低,容易被甩出。

⑤乘车人不要同司机攀谈,不应

催促司机开快车，或用其他方式妨碍司机正常驾驶。

⑥要注意坐法。车子在遇到猛烈的冲击时，人体会向前倾倒，接着反弹向后恢复原位，而颈部也跟着向后用力冲击，因此容易撞到颈椎，导致严重的伤害。如果侧着身体就能有效保护颈部。其次，向后恢复原位时身体再向前猛倒，头、脸有撞到前面座椅靠背的危险。避免的方法是立即伸出一只脚，顶在前面座椅的背面，并张开手掌，像拳击手一样保护头、脸。

⑦要系好安全带。研究发现，如果乘客没有扣上安全带会更危险，而且他本身的重量加上相撞时的冲力，会对自己和其他乘客安全构成极大的威胁。

⑧警惕车内“杀人凶器”。不少汽车里还暗藏许多“杀机”。例如仪表板上放香水瓶，后座与后窗的小空间上放满雨伞、照相机、书本等杂物。这些杂物虽小，但一旦发生车祸，它们却可能击破乘客的头部。因此，小件的杂物应收在杂物箱里，而大件的杂物或是放在座位下的踏板上，或是收好放在行李箱中。

五、中　暑

夏天酷热难忍，加之夏季干燥高温，极易中暑，特别是年老体弱和肥胖者，因此编者收集整理了中暑的应急方法，希望能给大家带来一点帮助。

中暑是夏季常见病之一，主要是由于在高温或高湿环境中，人的体温调节失去平衡，使机体大量蓄热，水盐代谢紊乱因而发生中暑。人体正常体温保持为36～37℃，这是由于人体有自动调节体温的能力，使产热和散热经常保持平衡状态。在气温高、湿度大、不通风时，体内蓄积的热量不易散发出去，这样体内积存的热量越来越多；加之出汗多，大量失水、失盐，致使人体调节功能失调，因而就会发生中暑。有的人由于夏季睡眠不足，休息安排不当，过度疲劳；以及年老体弱、过量饮酒等因素，皆能使人体不能适应外界的高温气候,体温调节功能产生障碍,使体温不断上升,从而导致该病的发生。

(一)中暑的分类及症状

根据发病过程及轻重,将中暑过程分为:先兆中暑、轻度中暑和重度中暑。

1. 先兆中暑的症状　大量出汗、口渴、明显疲惫、四肢无力、头昏眼花、胸闷、恶心、注意力不集中、四肢发麻等,体温正常或略高,一般不高于37.5℃。

2. 轻度中暑的症状　面色潮红、胸闷、皮肤干热等;可出现呼吸循环衰竭症状,如面色苍白、恶心呕吐、大量出汗、皮肤湿冷、体温升高到38℃以上、血压下降、脉搏加快等。

3. 重度中暑的症状　重度中暑除上述症状外,还可能出现昏倒或痉挛,或皮肤干燥无汗,体温在40℃以上,应紧急处置,及时送医院治疗。常见重度中暑有四种类型:热痉挛、热衰竭、日射病、热射病。

(1)热痉挛:常发生在高温环境中强体力劳动后。患者常先有大量出汗口渴,饮水多而盐分补充不足致血中氯化钠浓度急速明显降低,然后四肢肌肉、腹壁肌肉,甚至胃肠道平滑肌发生阵发性痉挛和疼痛。

(2)热衰竭:常发生在老年人或一时对高温不适应的人,体内常无过量热蓄积,表现为头晕、头痛、心慌、恶心、呕吐、口渴、皮肤湿冷、血压下降、晕厥或神志模糊,此时体温正常或稍偏高。

(3)日射病:是指因阳光直接照射,日光穿透头部皮肤及颅骨引起脑细胞受损，进而造成脑细胞的充血水肿，最初症状为剧烈头痛、恶心呕吐、烦躁不安，继而可出现昏迷及抽搐。

(4)热射病：因高温引起人体体温调节功能失调，体内热量高度蓄积，从而引发神经系统受累，典型临床表现为高热(41℃以上)、无汗和意识障碍。临床上可分为两种类型：劳力性热射病和非劳力性(非典型性)热射病。

(二)如何对中暑者进行急救

1. 迅速撤离引起中暑的高温环境，选择阴凉通风的地方休息，平卧并解开衣扣，头部可捂上冷毛巾，用扇子或者电风扇吹，加速散热。

2. 饮用含盐分的清凉饮料，在补充水分时，可加入少量的盐和小苏打水，但不可以急于补充大量的水分，否则会引起呕吐、腹痛、恶心等症状，中暑者虚脱时应平卧。

3. 可以在额部、颞部(耳根前)涂抹清凉油、风油精，或服用人丹、藿香正气水等中药。

4. 对于重症中暑的患者，应用湿床单或湿衣服将其包裹并给强力吹风，以增加蒸发散热；或用冰块降温(若患者出现寒战，应减缓冷却过程，不允许将体温降至38.3℃以下，以免继续降温而导致低体温)；还应该在腋下和腹股沟等处放置冰袋，用风扇向患者吹风，按摩患者的四肢，促进血液循环；用温水加70%乙醇，按1∶1比例稀释，稀释后水温37～40℃，擦拭四肢及背部。

5. 及时送往医院做进一步治疗。

(三)如何预防中暑

1. 进行上岗前体检,凡有心血管疾病、高血压病,胃肠溃疡病,活动性肺结核,肝、肾疾病,明显内分泌疾病,出汗功能障碍者,均不宜从事高温作业。

2. 加强营养,准备含盐分的清凉饮料(要少量多次饮用,不要等到口渴才喝)。

3. 合理安排作息时间,创造一个合理、舒适、凉爽的休息环境。

4. 保证充足的睡眠。

5. 在特殊高温作业(如修炉)场所,应配有隔热、阻燃和通风性能良好的工作服,并设置空调等降温措施。

6. 定期检测作业环境气象条件。

六、中　毒

(一)食物中毒

1. *食物中毒症状*　食物中毒发病呈暴发性,潜伏期短,表现为起病急骤,伴有腹痛、腹泻、呕吐等急性胃肠炎症状,常有畏寒、发热,严重吐泻引起的脱水、酸中毒和休克。

2. *应急救护措施*

(1)停食——立即停止食用中毒食品。

(2)清肠——用筷子、勺把或手指压舌根部,轻轻刺激咽喉引起呕吐。有条件时对患者采取催吐、洗胃、清肠等急救治疗措施。

(3)不擅自用药——反复呕吐和腹泻是机体排泄毒物的途径,所以在出现食物中毒症状 24 小时内,不要擅用止吐药或止泻药。误食强酸、强碱后,及时服用稠米汤、鸡蛋清、豆浆、牛奶等,以保护胃黏膜。

(4)补水——吐泻可造成脱水,须通过喝水或静脉补液及时补水。

(5)了解共食者——了解与中毒者一起进餐的其他人有无异常。

(6)上报——及时报告当地的食品卫生监督检验部门,采取患者标本,以备送检。

(7)现场处理——保护现场,封存中毒的食品或疑似中毒食品,用塑料袋留好可疑食物、呕吐物或排泄物,供化验使用。根据不同的中毒食品,对中毒场所采取相应的消毒处理。

3. 饮食安全常识

(1)不吃不新鲜的食物和变质食物。

(2)不吃来路不明的食物。

(3)注意食品保质期和保质方法。

(4)不食用自行采摘的蘑菇和其他不认识的野菜。

(5)加工菜豆、豆浆等豆类食品时,一定要充分煮熟。

(6)不吃发芽、发霉的土豆和花生。

(7)一定不要采摘和食用刚喷洒过农药的瓜果蔬菜。食用蔬菜水果前要用清水浸泡一段时间,以去除果菜表面残留的农药。

(8)生熟食品分开存放。

(9)保持厨房清洁。烹饪用具、刀叉餐具等都应用干净的布揩干擦净。

(10)处理食品前先洗手。

(11)动物身上常带有致病微生物,一定不要让昆虫、兔、鼠和其他动物接触食品。

(12)饮用水和厨房用水应保持清洁干净。

4. 防治措施

(1)防止细菌污染。购买盖有卫生检疫部门检疫图章的生肉。做好食具、炊具的清洗消毒工作,生熟炊具分开使用。

(2)低温贮藏。肉类食品应4℃以下低温贮藏,以控制细菌繁殖。

(3)彻底加热。加热可杀灭病原体及破坏毒素。肉类食品必须煮熟、煮透,熟食应及时食用。

(二)农药中毒

大量接触或误服农药,会出现头晕、头痛、浑身无力、多汗、恶心、呕吐、腹痛、腹泻、胸闷、呼吸困难等症状。重者还会有瞳孔缩小、昏睡、四肢颤抖、肌肉抽搐、口中有金属味等症状。

1. 应急救护要点

(1)迅速将病人转移至有毒环境的上风方向通风处。

(2)立即脱去被污染的衣物,用微温(忌用热水)的肥皂水、稀释碱水反复冲洗体表10分钟以上[美曲膦酯(敌百虫)中毒用清水冲洗]。

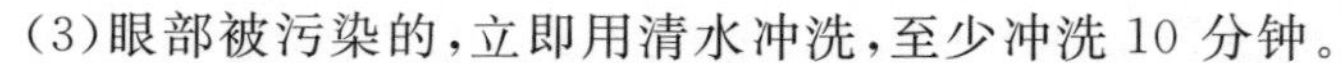

(3)眼部被污染的,立即用清水冲洗,至少冲洗10分钟。

(4)口服农药后神志清醒的中毒者立即催吐、洗胃,越早越彻底越好。

(5)昏迷的中毒者出现频繁呕吐时,救护者要将他的头放低,并偏向一侧,以防止呕吐物阻塞呼吸道引起窒息。

(6)中毒者呼吸、心跳停止时,立即在现场施行人工呼吸和胸外心脏按压,待恢复呼吸心跳后,再送医院治疗。尽可能向医务人员提供引起中毒的农药的名称、剂型、浓度等。

2. 预防措施

(1)在农药生产车间等人员聚集的地方发生毒气中毒事故，救助者应戴好防毒面具后进入现场。

(2)施洒农药时，人员应站在上风方向。

(3)盛放农药的瓶子应放在儿童不易拿到的隐蔽处。

(三)一氧化碳(煤气)中毒

一氧化碳中毒后会出现剧烈的头痛、眩晕、心悸、恶心、呕吐、四肢无力、嗜睡、意识模糊，甚至短暂的晕厥等现象。为防止一氧化碳中毒事故的发生，要加强取暖及其他设备的管理和检查，确保设备完好。

1. 一氧化碳中毒后的急救

(1)通风换气，断绝煤气来源，必要时佩戴防毒面具，使患者尽快脱离现场。

(2)给患者呼吸新鲜空气，松解衣扣、裤带，注意保暖，将患者平卧，头偏向一侧，保持呼吸道通畅，并尽快送医院，呼吸心搏停止者，立即给予现场心肺复苏，转运途中坚持胸外心脏按压和人工呼吸。

(3)安全、快速、有效的高压氧治疗，是治疗一氧化碳中毒的首选方案。高压氧治疗能使血液中的碳氧血红蛋白很快消失，形成氧合血红蛋白，促使一氧化碳排出，从而改善机体缺氧状态。

2. 一氧化碳中毒的预防

(1)使用煤炉取暖时，要安装烟囱、通气窗、风斗等设施，确保排气顺畅。不得使用没有上述安全设施的煤炉取暖。有条件的要安装一氧化碳报警器。

(2)定期对烟筒和烟道口进行检查，及时清理烟垢，保证通气顺畅。

(3)不得在室内使用极易产生一氧化碳等有毒气体的燃气、燃煤、燃油设备。

(4)不使用直排式热水器和烟道式热水器等淘汰产品;不使用超过使用期限的热水器;不得自行安装、拆除、改装热水器等燃具;不得把燃气热水器安装于浴室内。

(5)经常检查燃气与热水器连接管和排气管的完好。

(6)相关人员要掌握正确使用煤气灶的方法。当自动点火的灶具连续打火未点燃时,应稍等片刻,让已流出的煤气散发后再点火,以防引起火灾。

(7)在食堂、厨房内安装排气扇或排油烟机。

(8)要用专用橡胶管连接灶具,并经常检查,防止橡皮管松脱、老化、破裂、虫咬。

(9)要正确使用沼气设备,遵守安全规范,检查沼气池时要防止中毒。

(10)要加强防止一氧化碳中毒的安全教育,普及防止一氧化碳中毒的知识,了解并掌握中毒后的救治办法。

七、触　电

触电的类型有以下几种:一是一相触电。就是人体接触到一根电线,电流从人体触电处通过全身。二是跨步电压触电。就是电线落于地面，以断线处为中心，形成大小不同的同心圆电场。当人步入同心圆电场时就可触电，而且离中心越近，电压越高，危险越大。三是雷击触电。雷击时电压高，电流大，此种触电对人体危害最大，最为危险。

发现有人触电，其身边的人不要惊慌失措，应及时采取以下应急措施。

1. 首先要关闭电源开关或电源插头，尽快使触电者脱离电源。不可随便用手去拉触电者的身体。因触电者身上有电，一定要尽快使触电者先脱离电源，才能进行抢救。

2. 如果离开关太远或来不及关闭电源，又不是高压电，可用干燥的衣帽垫手，把触电人拉开，或用干燥的木棒等把电线挑开。绝不能使用铁器或潮湿的棍棒，以防触电。

3. 在救人时要踩在木板上，避免接触他的身体，防止造成自己触电。戴橡皮手套，穿胶皮鞋可以防止触电。触电人倒伏的地面有水或潮湿，也会带电，千万不要踩踏，救护时应穿厚胶底鞋。救护者可站在干燥的木板上或穿上不带钉子的胶底鞋，用一只手（千万不能同时用两只手）去拉触电者的干燥衣服，使触电者脱离电源。

4. 触电者触及低压带电设备，救护人员应设法迅速切断电源，如断开电源开关或电闸，拔除电源插头等；或使用绝缘工具，干燥的木棒、木板、绳索等不导电的

东西解脱触电者;也可抓住触电者干燥而不贴身的衣服,将其拖开,切记避免碰到金属物体和触电者的裸露身躯;也可戴绝缘手套或将手用干燥衣物等包起绝缘后解脱触电者;救护人员也可以在绝缘垫上或干木板上,绝缘自己进行救护。

5. 如果电流通过触电者入地,并且触电者紧握电线,可设法用干木板塞到身下,与地隔离,也可用干木把斧子或有绝缘柄的钳子将电线剪断。剪断电线要分相,一根一根地剪断,并尽可能站在绝缘物体或干板上。

6. 如果触电者触及断落在地上的带电高压导线,如尚未确证线路无电,救护人员在未做好安全措施(如穿绝缘靴或临时双脚并紧跳跃地接近触电者)前,不触接断线点至 8～10m 范围,防止跨步电压伤人。将触电者脱离带电导线后迅速带到 8～10m 以外并立即开始触电急救。只有在确证线路已经无电,才可在触电者离开触电导线后,立即就地进行急救。

7. 触电伤员如神志不清,应就地仰面躺平,且确保气管通畅,并呼叫伤员或轻拍其肩部,以判定伤员是否意识丧失。禁止摇动伤员头部呼叫伤员。

8. 触电人脱离电源后,如处在昏迷状态(心脏还在跳动,肺还在呼吸),要立即打开窗户,解开触电人的衣扣,使触电人能够自由呼吸。如果触电者呼吸、心跳已经停止,在脱离电源后立即进行心肺复苏(详见第一部分急救技术),并拨打“120”急救电话叫医护人员尽快来抢救。

9. 人在高处触电,要防止脱离电源后从高处跌下摔伤。

八、溺　水

溺水是指人被水淹以后，出现窒息和缺氧。由于溺水时间长短不一，病情轻重不一。在喉痉挛早期（溺水1～2分钟）获救，主要为一过性窒息的缺氧表现，获救后神志多清醒，有呛咳，呼吸频率加快，血压增高，胸闷胀不适，四肢酸痛无力。在喉痉挛晚期（溺水3～4分钟）获救则窒息和缺氧时间过长，可有神志模糊、烦躁不安、剧烈咳嗽、喘憋、呼吸困难、心率慢、血压降低、皮肤冷、发绀等征象。在喉痉挛期之后则水进入呼吸道、消化道，临床表现为意识障碍、睑面水肿、眼充血、口鼻血性泡沫痰。

（一）自救要点

落水后不要心慌意乱，要保持清醒的头脑，采取仰面位，头顶向后，口向上方，尽量使口鼻露出水面，以便能够进行呼吸。呼气宜浅，吸气宜深，则能使身体浮出水面，以待他人抢救。千万不可将手上举或拼命挣扎，因为举手反而容易使人下沉。

会游泳者，若因小腿腓肠肌痉挛（抽筋）而致溺水，应平心静气，及时呼救，求得救援。同时自己应将自己身体抱成一团，浮上水面，深吸一口气，再把脸浸入水中，将痉挛（抽筋）下肢的拇趾用力向前上方抬，使拇趾跷起来，持

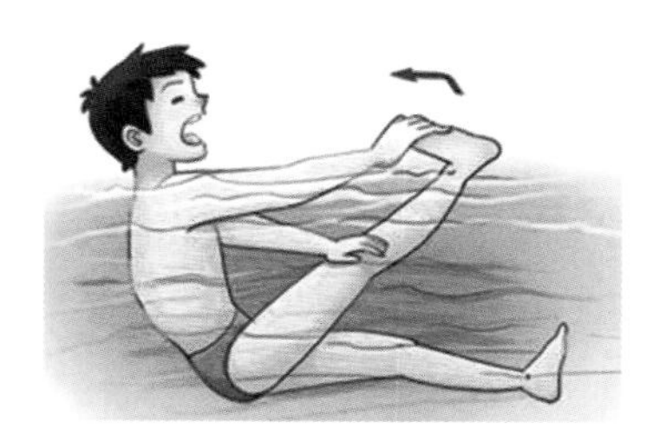

续用力,直至剧痛消失,痉挛也就随即停止。

(二)互救要点

1. 大声呼救,拨打急救电话。

2. 会游泳者,尽快脱去外衣和鞋靴,迅速游到淹溺者附近,对于筋疲力尽的淹溺者,救护者可从头部接近,对于神志清醒的淹溺者,救护者应从背后接近,用一只手从背后抱住淹溺者的头颈,另一只手抓住淹溺者的手臂游向岸边。救援时要注意防止被淹溺者紧抱缠身而双双发生危险,如被抱住,应放手自沉,从而使淹溺者手松开,以便再进行救护。不能强行掰开淹溺者的手,以免骨折。

3. 救援成功到达岸边后,将溺水者平放在地面,迅速撬开嘴,清除口、鼻内的脏东西(如淤泥、杂草等),保持呼吸道通畅。

4. 意识丧失、尚有呼吸心跳的溺水者要保持侧卧位,并注意保暖。

5. 使溺水者趴在施救者屈膝的大腿上,按压背部迫使呼吸道和胃里的水排出。但排水时间不能太长,控制到 1 分钟内,以免耽误抢救时间。

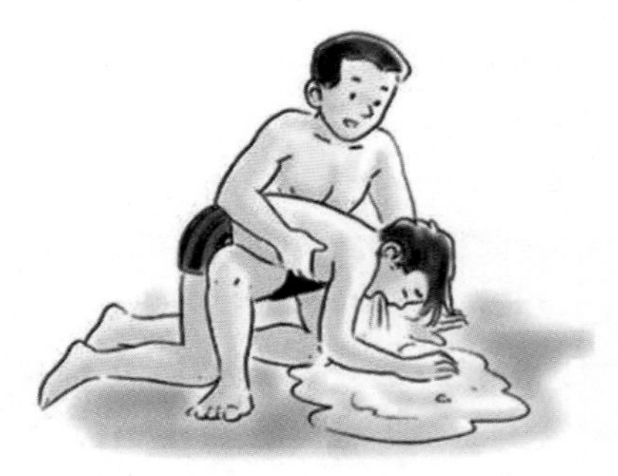

6. 当溺水者呼吸极为微弱甚至停止时,应立即实施心肺复苏术。

7. 由于呼吸、心跳在短期恢复后还有可能再次停跳,应一直坚持救治到专业救护人员到来。

(三)预防措施

1. 游泳前做好充分的准备活动,游泳中根据自己体力合理安排时间,在饥饿寒冷疲劳时不宜下水。

2. 凡患有高血压、心脏病、肝肾疾病、肺结核和癫痫等慢性疾病的青少年在参加游泳活动前,必须征询医生意见,并通过认真的健康检查,以除外游泳活动的各种禁忌证。

3. 天然的游泳场所必须设有深、浅水的游泳标志。

4. 未成年人及水性较差者不宜下水救人,可采取报警求助的方式。

5. 不要到坑、河、湖等非正式游泳场所游泳,不要到冰面上玩耍,儿童及水性较差者游泳时要有专人陪伴。

九、烧(烫)伤

烧(烫)伤泛指各种热源、光电、化学腐蚀剂(酸、碱)、放射线等因素所致的人体组织损伤。轻者损伤皮肤,出现肿胀、水疱、疼痛;重者皮肤烧焦,甚至血管、神经、肌腱等同时受损。烧伤引起的剧痛和体液渗出等因素可导致休克,晚期出现感染、败血症等并发症,甚至危及生命。

严重的烧烫伤是急诊常见的意外损伤,预后严重,需紧急救治。

(一)根据烧(烫)伤对人体组织的损伤程度进行分度

1. 一度烧伤　仅伤及表皮浅层,生发层健在。表皮红斑状、轻度红肿,干燥,烧灼感。3～7 天脱屑痊愈,短期内有色素沉着。无瘢痕。

2. 浅二度烧伤　伤及表皮生发层、真皮乳头层。疼痛明显,有水疱形成(淡黄色液体),水疱皮如剥脱,创面红润、潮湿。1～2 周愈合,一般不留瘢痕,多数有色素沉着。

3. 深二度烧伤　伤及皮肤真皮层,仍残留皮肤附件。可有水疱,去疱皮后,创面微湿,红白相间,痛觉迟钝。3～4 周愈合,常留瘢痕。

4. 三度烧伤　全皮层烧伤甚至到达皮下、肌肉、骨骼。创面无水疱,呈蜡白或焦黄色甚至炭化,痛觉消失,须植皮。

(二)应急救护要点

1. 判断烧(烫)伤情况,包括受伤面积的大小,受伤处是否疼痛,伤处的颜色等(若是爆炸冲击波造成的伤员要注意有无脑损伤,腹腔损伤和呼吸道损伤)。

注意:由于灼伤部位一般都很脏,容易化脓溃烂,长期不能治愈,因此救护人员的手不能接触灼伤部位,不得在灼伤部位涂抹油膏、油脂或其他护肤油。

2. 处理方法

原则:去除伤因,保护创面,防止感染,及时送医。

方法:冲、脱、泡、盖、送。

冲:如果伤处很疼痛,说明这是轻度烧(烫)伤,可以用冷水冲洗 10～15 分钟，不必包扎。冲洗的时间越早越好，只要皮肤没有破损，尽快用冷水清洗，如果采取的冷疗措施得当，可显著减轻局部渗出，挽救未完全毁损的组织细胞。冲洗的具体时间，以患者的疼痛感觉消失或显著减轻为准。

脱：在伤处未发现红肿之前要脱下伤处周围的衣物和饰品。当烫伤处在有衣物覆盖的地方时，不要着急脱衣服，以免撕裂烫伤处的水疱，可先行用水冲洗降温，再小心地去掉衣物。去除衣物时小心对伤口造成二次伤害，若被粘住，应用剪刀小心剪开。注意：上肢烧（烫）伤时一定要除去戒指、首饰等装饰品，否则肿大后可能造成坏死。

泡：一旦发生烫伤，不能及时用冷水冲，那么用冷水泡 15～30 分钟也是可以的，同样能起到加速降温、镇痛的作用。若发生颤抖现象，应立即停止。

盖：做好应急处理后，去往医院的路上要用干净的布巾将患处盖住，千万不能用毛巾。布巾可以是无菌的纱布，实在找不到布巾也可以用保鲜膜在患处缠两圈，能阻止细菌进入，也不会让患处与其粘连。

送：如果皮肤呈灰或红褐色，应用干净的布巾包裹创面及时送往医院救治。注意，严重烫伤的患者要在转运途中密切关注血压、心跳、氧饱和度，严重烫伤的患者易出现休克或呼吸、心跳停止，这时要立即进行人工呼吸或胸外按压。

注意事项：

（1）发生烧（烫）伤后，首先冷水冲洗散热，冲洗的时候水温比体温低即可，切忌用冰水，以免冻伤。千万不要在伤口上擦牙膏、有色药膏、酱油、米醋、紫药水、黄油等，酱油、米醋会影响医生判断伤口的大小，影响观察伤口创面的变化，牙膏、药膏、黄油会影响伤口散热。

（2）如果烫伤处有水疱，要不要弄破要具体问题具体分析，一般不要弄破水疱，以免留下瘢痕，但有时水疱较大或处在关节处较易破溃的水疱则需要用消毒针扎破，如果水疱已经破掉，则需要用消毒棉签擦干水疱周围流出的液体。

(3)烫伤过于严重时,应先用干净纱布覆盖或暴露烫伤区域,严禁冰敷,严禁强制脱衣,勿涂抹药膏,要及时后送到医院进行治疗。

(4)恢复过程中,不要剥掉烧伤的死皮,防止发生感染或留下瘢痕。

(三)预防要点

1. 寒冷的冬季使用热水袋保暖时,热水袋外边用毛巾包裹,手摸上去不烫为宜。注意热水袋的盖一定要拧紧,经检查无误才能放置于包被外,要定时更换温水,既保暖又不会烫伤。

2. 洗澡时,应先放冷水后再兑热水,水温不高于40℃。热水器温度应调到50℃以下,因为水温在65～70℃时,2秒之内就能严重烫伤宝宝。

3. 暖气和火炉的周围一定要设围栏,以防孩子进入。

4. 将厨房的门上锁,不要让宝宝轻易进入厨房。

5. 将可能造成烫伤的危险品移开或加上防护措施。如热水瓶不要放在桌子上，熨斗等电器用具要放在孩子够不到的地方。桌子上不要摆放桌布，防止孩子拉下桌布，弄倒桌上的饭碗、暖瓶而烫着自己。

6. 家庭成员要定期进行急救知识培训，并检查落实情况。时常提醒孩子自我防烫伤。

十、蜂蜇伤

（一）基本知识

毒蜂包括蜜蜂、黄蜂、大胡蜂和竹蜂等多种有毒刺的蜂类，毒力以蜜蜂最小，黄蜂和大胡蜂较大，竹蜂最强。毒蜂尾部都有螯针与毒腺相通，蜇人后将毒液注入人体内，引起中毒。不同种类的毒蜂分泌毒液有所不同，致病机制也有差异，但被毒蜂蜇伤后产生的抗体在以后再次遭遇叮咬时常会引起过激的反应。

(二)临床表现

身体健康的人,同时受到5只蜜蜂蜇刺,仅发生局部红肿和剧痛,数日可恢复正常;同时受到100只蜜蜂蜇刺,会使机体中毒,引起中枢神经损害、心血管功能紊乱等症状;同时受到200只蜜蜂蜇刺,会死于中枢神经麻痹。

黄蜂蜇后皮肤立即红肿疼痛,甚至出现淤点和皮肤坏死;眼睛被蜇时疼痛剧烈,流泪、红肿,可发生角膜溃疡;全身症状有头晕、呕吐、腹痛、腹泻、烦躁不安、血压升高等;部分对蜂毒过敏者可表现为荨麻疹、过敏性休克等。

(三)现场急救

蜜蜂蜇伤后,请用硬而钝的物体刮出而不是挤出蜇刺或毒囊,比如用信用卡或身份证的边缘。再用流动水和肥皂清洗蜇伤区域,然后用毛巾裹住一袋冰水,将其置于伤口部位不超过20分钟。如20分钟后患者无症状即可放心,如观察过程中出现过敏反应的征象,则需立即拨打120。

十一、毒蛇咬伤

(一)基本知识

有毒的蛇,头部多为三角形,全身的斑纹和颜色比较鲜艳,有较大的毒牙和毒腺,能分泌毒液。蛇毒成分复杂,主要是具有酶活性的蛋白质和分子量小的多肽,按致伤作用分为:神经毒、血液循环毒、混合毒三大类。被咬者中毒的严重程度取决于蛇的大小和种类,注入蛇毒的量,伤口的大小、部位和深度,以及被咬者的身体状况。

（二）临床表现

局部症状：被咬伤部位出现灼痛、水肿（多在10分钟内，不超过30分钟）及红斑和淤斑。若不及时治疗可累及整个肢体，甚至出现淋巴结肿大和区域性淋巴管炎，并伴有受伤部位表面体温升高。

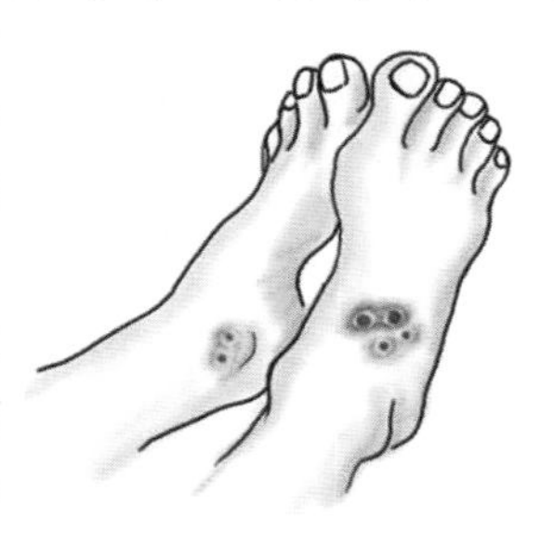

全身症状：咬伤后会出现恶心、呕吐、出汗、发热、乏力虚弱、呼吸困难，感觉异常或抽搐，严重者会呼吸停止，昏迷，低血容量休克。

（三）现场急救

1. 防止毒液扩散和吸收。被毒蛇咬伤后立即坐下或卧下，保持不动或镇静，伤口用流水或肥皂水冲洗。自己或求救周围的人迅速找到条带状物绑扎伤口近心端，阻断毒液进一步扩散。绑扎无须过紧，使肢体动脉稍微减弱可放入一指为宜（绑扎后每30分钟松解一次，每次1～2分钟，以免影响血液循环）。立即就医或等待专业人员施救。

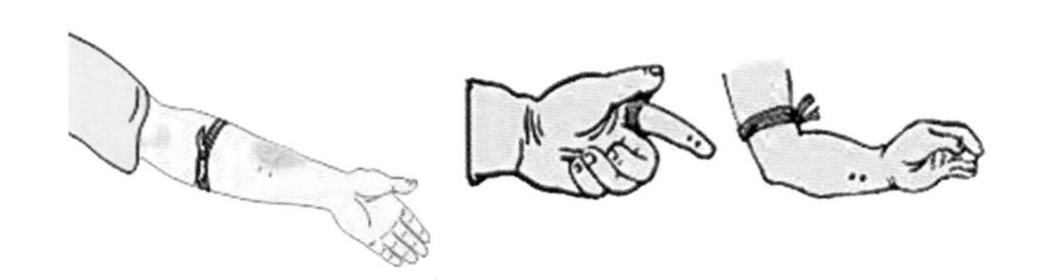

2. 迅速排出毒液。立即用凉开水、肥皂水或1∶5000高锰酸钾溶液冲洗伤口及周围皮肤，洗掉残余伤口外表的毒液。如果伤口内有残余毒牙，迅速用小刀或其他尖锐物十字切开，然后从近心端向伤口方向反复挤压排出毒液,边挤压边用清水冲洗伤口,持续20～30分钟。如有茶杯可对伤口做拔火罐处理,用负压吸出毒液。为安全起见,不推荐用口吮吸伤口。若有冰块及时敷于伤肢,可减慢毒液的吸收。

3. 局部降温。排出毒液后,用冷水局部冷敷降温。如有条件,最好先将伤肢浸于4～7℃的冷水中3～4小时,然后改用冰袋、冷毛巾在伤处及四周冷敷,以减缓人体吸收毒素的速度。

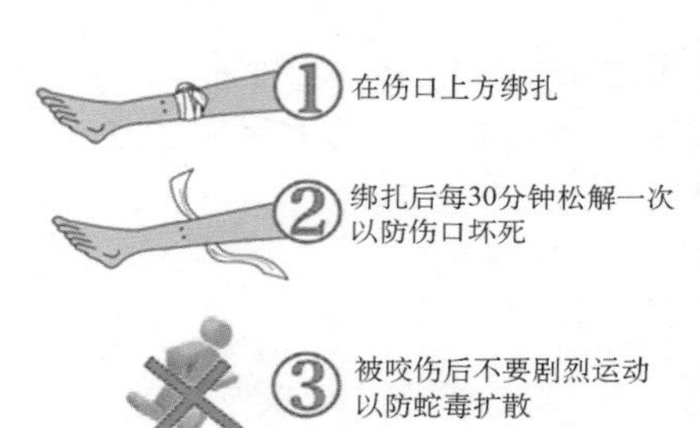

4. 若身边备有蛇药可立即口服以解内毒,伤者口渴时可以喝水,但不要饮酒及喝浓茶、咖啡等兴奋性饮料。

5. 及时电话联系医院,24小时内注射相应的抗蛇毒血清,配合治疗。

救治要点:

毒蛇咬伤,迅速离场,放低伤肢,冷静半躺,
立即结扎,一指为佳,清创排毒,入院妥当。

十二、冻　伤

对于北方人来说,南方人是幸福的,因为南方气候条件好,冬季不会太寒冷,然而北方气候恶劣,大雪纷飞,最低气温－40～－20℃,特别是新疆阿勒泰地区,一年中降雪时间从11月份持续到第二年4月份,降雪量也很大,这种长时间大规模的降雪导致积雪成灾,影响人们正常生活。在寒冷条件下倘若人们不注意保暖,就很容易发生冻伤。冻伤可发生在任何年龄,儿童、年老体弱或营养不良、缺乏体育锻炼者对寒冷耐受力差,容易被冻伤。一

般情况下，气温在7～8℃时，长时间裸露的肢体也会冻伤；气温在－5℃左右时，手指开始疼痛、麻木；气温在－15℃以下时，裸露的手指会被冻伤。

（一）基本知识

1. 冻伤的概念

（1）定义：人体在低温环境中，如果停留时间过长又缺乏必要的防寒措施，人体受寒冷侵袭，引起局部血脉凝滞、皮肤肌肉损伤的疾病，称为冻伤。最常见的是局部冻伤，又叫冻疮。冻伤的损伤程度与寒冷的强度、风速、湿度、受冻时间及局部和全身的状态有直接关系。

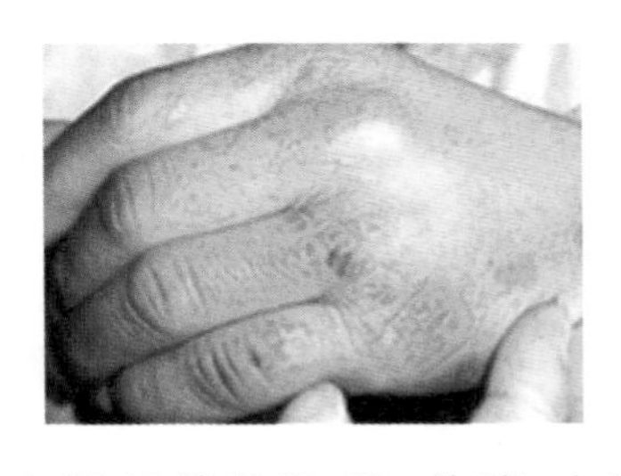

（2）好发部位：冻伤多发生在手指、手背、脚趾、脚跟、面颊、鼻尖、耳郭等地方。这些部位都在身体的末端或表面，血流缓慢，又经常暴露在外，局部温度低，容易受寒冷的伤害。冻疮经常在同一部位反复发作。

（3）发展过程：在寒冷的作用下，四肢远端的指、趾、前臂、小腿和面部的暴露部位末梢血管，先扩张，后收缩，只是小血管发生血栓，局部组织坏死，就会发生冻伤。

2. 冻伤的分度　根据冻伤的临床变现一般分为四度。

（1）一度冻伤最轻，亦即常见的“冻疮”，受损在表皮层，受冻部位皮肤红肿充血，自觉热、痒、灼痛，症状在数日后消失，痊愈后除有表皮脱落外，不留瘢痕。

（2）二度冻伤伤及真皮浅层，伤后除红肿外，伴有水疱，疱内可为血性液，深部可出现水肿、剧痛、皮肤感觉迟钝。

（3）三度冻伤伤及皮肤全层，出现黑色或紫褐色，疼痛感觉丧失。伤后不易愈合,除遗有瘢痕外,可有长期感觉过敏或疼痛。

(4)四度冻伤伤及皮肤、皮下组织、肌肉甚至骨头,可出现坏死,感觉丧失,痊愈后可有瘢痕形成。老幼患者可因严重冻伤而致死。

(二)救护措施

1. 轻度冻伤的治疗方法

(1)用温水(38～42℃)浸泡患处,浸泡后用毛巾或柔软的干布进行局部按摩,切忌用火烤和用雪水摩擦。

(2)用花椒或辣椒秸煮水浸泡患处或用生姜涂擦局部,也可减轻症状。

(3)患处若破溃感染,应在局部用安尔碘或1%的新洁尔灭消毒,吸出水疱内液体,外涂冻疮膏、樟脑软膏等,保暖包扎。必要时应用抗生素及破伤风抗毒素。

2. 严重冻伤的治疗方法

(1)迅速脱离受冻现场:立即用棉被、毛毯或皮大衣等保护受冻部位,防止继续受冻;迅速将患者搬入温暖的室内(室温20～25℃)或送往医院。

(2)合理的温水复温:对于全身冻僵者,要迅速复温。迅速脱掉患者的衣服和鞋袜,将冻伤部位置于38～42℃温水中,进行快速融化复温。如果手套、鞋袜和手脚冻在一起难以分离时,不可强行分离,以免撕裂皮肤。应连同鞋袜、手套一起浸入水中,复温至冻区恢复知觉,皮肤颜色恢复至深红或紫红色,组织变软为止。一般要求15～30分钟完成复温。切忌采用直接火烤、雪搓和冷水浸泡等错误复温方法。

(3)保护受冻部位:复温后的冻伤部位应用柔软的棉花、软布包裹,防止意外外伤发生,切忌挤压冻伤局部。

(4)对症治疗:复温中应抗休克治疗,静滴37℃的5%葡萄糖溶液;必要时注射强心药、呼吸兴奋药;局部疼痛剧烈,应注射哌替啶或吗啡。

(5)热饮料治疗：度过休克期后，可口服热饮料，如茶水、牛奶、米汤等。

3. 冻伤现场急救中的“误区”

(1)不得用火烤：用之反而会使冻伤处血管扩张，导致局部需氧量增加，加重冻伤。

(2)不得用雪搓：人被冻的时候血液循环不好，血管收缩，血供不好时周围组织是缺血缺氧的，若用雪搓会造成进一步的损伤。

(3)不得用热水浸泡：应用温水或接近体温的暖水慢慢回温。

(三)冻伤的预防

1. 注意锻炼身体，提高皮肤对寒冷的适应力。

2. 注意保暖，保护好易冻部位，如手足、耳朵等处，要注意戴好手套、穿厚袜、棉鞋等。鞋袜潮湿后，要及时更换。出门要戴耳罩，注意耳朵保暖。平时经常揉搓这些部位，以加强血液循环。

3. 在洗手、洗脸时不要用含碱性太大的肥皂，以免刺激皮肤。洗后，可适当擦一些润肤脂、雪花膏、甘油等油质护肤品，以保护皮肤的润滑。

4. 经常进行抗寒锻炼，用冷水洗脸、洗手，以增强防寒能力。

5. 患慢性病的人，如贫血、营养不良等，除积极治疗相应疾病外，要增加营养、保证机体足够的热量供应，增强抵抗力。

6. 在高寒地带，不要把易受冻的部位暴露在外面，如手、脸部、耳朵。戴一双暖和的皮手套，要扎紧手套、衣服和裤子的袖口，防止风雪侵入衣服内，脸上可戴上专业护脸套，耳朵也要戴上耳罩,这样才能防止这些敏感的部分发生冻伤。

7. 不要站在风比较大的风口处,切记不要在疲劳或是饥饿的时候坐卧在雪地上,时间久了很容易发生冻伤。

预防冻伤的“三不”与“七勤”

“三不”

1. 不穿潮湿、过紧的鞋袜。
2. 不长时间的静止不动。
3. 不在无准备情况下单独登山。

“七勤”

1. 勤进行耐寒锻炼。
2. 勤准备防寒物品。
3. 勤换鞋、袜和鞋垫。
4. 勤用热水洗脚。
5. 勤互相督促。
6. 勤活动手脚和揉搓面部、耳、鼻。
7. 勤交流防冻经验。

第三部分

常见急症

一、鼻出血

鼻出血是耳鼻喉科常见的症状,尤其多见于春秋季气候干燥时。鼻出血主要是由于鼻腔黏膜干燥、血液系统疾病或高血压引起。鼻腔黏膜是人体裸露在外,位置比较表浅的黏膜,因各种原因受到损伤就会引起鼻出血,如血液系统疾病导致血液不能及时凝固而表现鼻出血;鼻中隔偏曲也会造成鼻出血;还有一些不常见的原因,如鼻腔息肉或慢性鼻炎、鼻窦炎及鼻腔恶性肿瘤,鼻咽部恶性肿瘤或化学性气体损伤,都可能造成鼻出血。在学校,同学之间相互玩耍,难免会发生碰撞和磕碰,由此导致的鼻出血更常见。

(一)下列情况下,请及时拨打“120”急救电话

1. 无法在15分钟内止血。
2. 很严重,如有大量的血涌出。
3. 伤者出现呼吸困难。

(二)急救措施

发生鼻出血时不能仰头,因为仰头会使得血液流入咽喉部,引起呛咳,堵塞气道,易导致窒息;也有可能咽进胃里,引起恶心、呕吐。要止住鼻出血,应加压处理。可按照以下急救措施的步骤操作。

1. 确保现场是安全的。
2. 穿戴个人防护设备(医用手套、护目镜等)。
3. 让患者坐下且身体前倾。
4. 用清洁敷料捏住鼻两侧的柔软部位。
5. 向鼻中隔施加恒定的压力并持续几分钟,直至出血止住。如果仍有出血,应加大按压力度。及时就医。

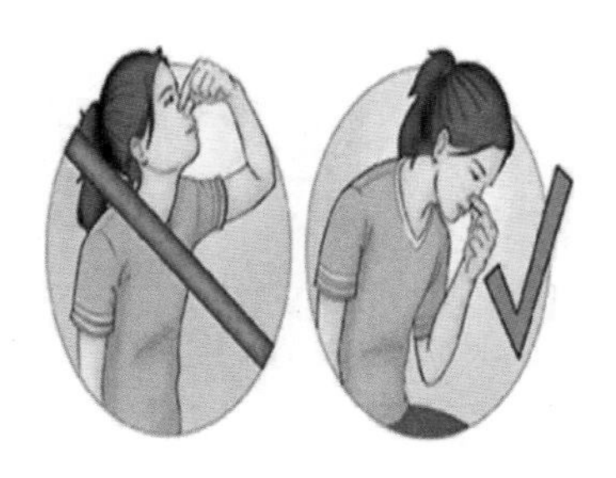

二、低血糖

低血糖是指成年人空腹血糖浓度＜2.8mmol/L。糖尿病患者血糖值≤3.9 mmol/L即可诊断低血糖。低血糖是一组由多种病因引起的以静脉血浆葡萄糖(简称血糖)浓度过低,临床上以交感神经兴奋和脑细胞缺氧为主要特点的综合征。那么低血糖表现在哪些方面？发生低血糖时应该怎么办？

(一)低血糖的表现

1. 自主(交感)神经过度兴奋的表现　低血糖发作时由于交感神经和肾上腺髓质释放肾上腺素、去甲肾上腺素等,临床表现为出汗、饥饿、心慌、颤抖、面色苍白等。

2. 脑功能障碍的表现　初期表现为精神不集中、思维和语言迟钝、头晕、嗜睡、躁动、易怒、行为怪异等精神症状,严重者出现惊厥、昏迷甚至死亡,是大脑缺乏足量葡萄糖供应时功能失调的一系列表现。

(二)出现低血糖的急救措施

1. 如果患者无法坐直或吞咽

(1)请拨打或叫人拨打“120”急救电话。

(2)不要强迫患者坐起或进食。

2. 如果患者能坐直和吞咽

(1)请让患者吃或喝一些含糖类食物,这可以帮助患者快速恢复血糖水平。这些食物包括葡萄糖片剂、橙汁、有嚼劲的软糖、软心豆粒糖、果泥干或全脂牛奶等。

(2)让患者静坐或躺下。

(3)如果在15分钟内症状未见好转,请拨打或叫人拨打“120”急救电话。

(三)低血糖的预防

1. 一日三餐,规律进食,适当加餐。

2. 避免空腹时从事跑步、爬楼梯等剧烈运动。

3. 体检或产检时,关注空腹血糖,如过低(＜4mmol/L)应到医院内分泌科就诊。

胰岛素或口服降糖药物用法不当

未按时进食或进食过少

运动量增加且未及时加餐

三、眼外伤

眼是人体唯一暴露在体表、结构极为精细、组织又很脆弱的器官，易遭受外力损伤，导致不同程度的视力障碍甚至失明或丧失眼球。早期及时而有效的急救处理对于挽救视功能尤为重要。根据致伤方式及伤后眼球损伤情况不同，眼外伤可分为机械性眼外伤和非机械性眼外伤两大类。

（一）机械性眼外伤

常见的有锐挫伤、穿通伤、异物伤，包括以下情况。

1. 开放性眼外伤　眼球穿通伤、眼球破裂伤、眼内异物伤。

2. 闭合性眼外伤　钝挫伤、眼球挫伤、眼球壁板层裂伤等。

（二）非机械性眼外伤

一般包括眼化学伤（包括酸、碱烧伤）、热烧伤（包括铁水、钢水烫伤）及辐射性眼伤（离子放射线损伤）。

(三)眼外伤救治一般常识

1. 症状及体征

(1)疼痛,视力急剧下降,常降至光感或以下。

(2)眼球运动在破裂方向上受限。

(3)眼压多降低,眼球塌陷,前房变浅或消失。

(4)根据受伤部位及伤情不同,可出现球结膜出血及水肿、角膜可变形、前房或玻璃体积血等体征。

2. 诊断要点

(1)外伤史,明确致伤物及致伤方式是诊断的要点。

(2)视力下降程度严重,常在光感或以下。

(3)眼压降低、眼球塌陷、前房变浅或消失、角膜可变形、前房或玻璃体积血等体征。

3. 处理原则　眼球破裂伤具有伤口大、不规则、眼内组织脱出、合并损伤严重且预后差等特点,因此治疗原则首先是保留眼球,其次是恢复部分视力。目前对眼球破裂伤的处理,一般认为应尽可能急诊缝合眼球,以后根据情况再行二次手术处理。

4. 急救处理　伤后应立即包扎伤口,尽快正规就医,以防延误就诊时机。包扎时勿按压眼球,以免造成眼内容物大量脱出。运送途中应用金属或塑料眼罩保护眼球,尽量避免低头动作,防止眼内容物脱出。

(四)眼部包扎的要点和注意事项

对于开放性眼外伤,眼部包扎的作用主要是防止外界细菌、病毒进入眼内产生继发感染;对于闭合性眼外伤而言,除了预防感染外,另一重要作用是使患侧眼得到充分休息,有时甚至采用双眼包扎的方法。

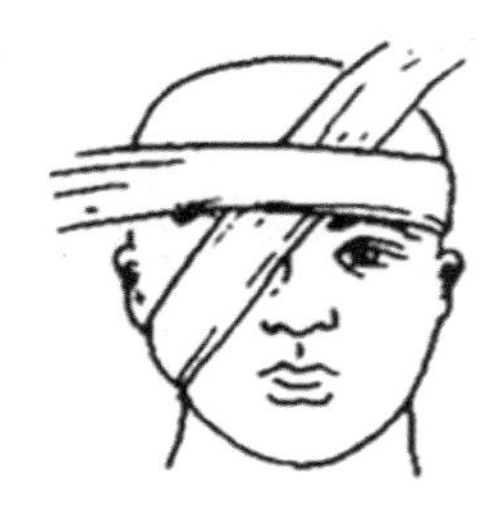
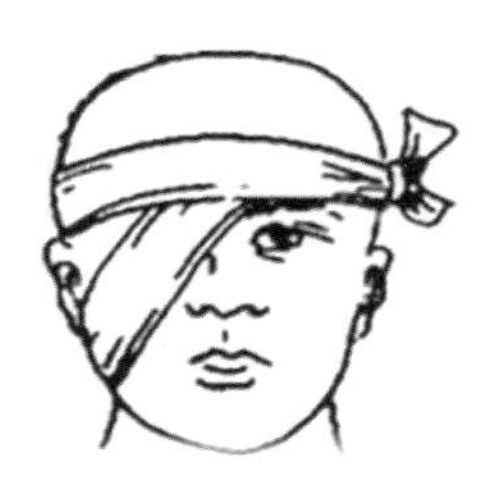

1．包扎的纱布应消毒、灭菌，尤其是对开放性眼外伤。对大量出血的眼睑及眼眶外伤应先加压止血后再加压绷带包扎。

2．对伤口未处理的开放性眼外伤，包扎时不可涂抗生素眼膏，动作要轻柔，避免压迫眼球造成眼内容物脱出。

3．对前房出血的闭合性眼外伤，包扎的主要目的是使患侧眼充分休息，因而需要绷带加压包扎，防止其脱落。

4．化学性烧伤、热烧伤、毒剂伤等在彻底冲洗眼部后，滴入抗生素眼液后用清洁纱布遮盖。

（五）日常生活中眼外伤的危险因素

1．交通事故：在日常生活引起的机械性眼外伤中，因车祸引起的较多。这是因为人民生活水平逐年提高，城乡交通车辆急剧增多，而道路建设、交通设施、人民群众的交通安全知识和意识一时跟不上其发展，有的人喜欢开快车，并且无视交通规则，容易产生安全隐患。且这类眼外伤伤情都较严重，预后较差，为当前预防的重点。

2．体育运动：一些对抗性较强的体育运动进行比赛时，在激烈、快速的竞技中，未能对眼部进行有效防护。

3．燃放烟花爆竹：节假日期间，生产及燃放烟花爆竹特别容易引起眼外伤的发生。每年的春节假期，很大一部分的眼科急诊为燃放烟花爆竹所致的眼外伤,严重者还会导致眼球摘除。

4. 打架斗殴:一些年轻人,情绪自控力较差,容易产生暴力冲突,特别在酒后更容易发生打架斗殴事件,眼部外伤也非常常见。

5. 恶劣气候:比如大风、沙尘暴等,在空气中的灰尘、沙土容易进入眼内引起眼部异物。生活、工作在旷野、沙漠、工地上的人更为多发。

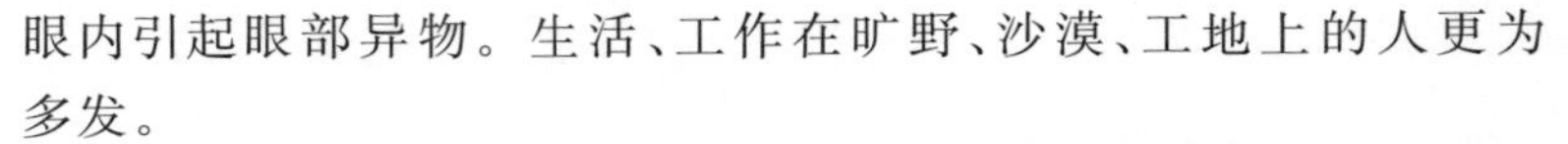

6. 家庭生活中常备的眼用药品位置不明确,有时会误用包装相似的其他种类药物滴眼。

(六)日常生活中眼外伤的预防

1. 司机需加强安全行车意识,不断更新交通知识,按要求遵守交通规则,严禁超速行驶、酒后驾车等。

2. 在举行体育比赛时,特别是进行足球、篮球等活动时,强调“友谊第一、比赛第二”的原则,尽量避免剧烈的身体对抗性接触。

3. 节日期间禁止燃放烟花爆竹,观看烟花表演时要远离现场。

4. 加强年轻人的思想道德教育,使其树立正确的人生观和价值观,有针对性地进行心理疏导及心理咨询。在基层开展心理健康教育,以及帮助人们建立平时生活中的安全警惕性,培养良好的自律规范行为,减少暴力行为的发生。

5. 在一些特殊的气候环境下,比如大风、沙尘暴等,减少户外

活动，外出时要求佩戴眼部防护眼镜。

6. 家中所用的眼药位置明确，不可与包装相似的治疗皮肤或脚气的药物存放在一块，以免误滴入眼内，引起眼部化学伤。

四、低气压眼损伤

（一）基本知识

低气压眼损伤主要见于飞行人员，是由于高空中大气压的降低而导致的眼部损伤。大气压随飞行高度的增加而减小，气体体积随压力的降低而扩大。眼部表现为视物模糊、有暗点、视野缩小甚至管状视野、复视等，这表明中枢神经系统、视器官均受累。

（二）处理原则

1. 急救处理：迅速返回地面，吸氧排氮。理想的手段是在高压氧舱内（保持 2.8 个绝对大气压）间断吸入 100%氧气。

2. 治疗：扩容以缓解循环性虚脱，静脉滴注低分子右旋糖酐、血浆，补充电解质溶液，应用皮质类固醇等。

3. 强调预防为主的原则，如高空作业装备密封座舱和个人增压服，以保证在高空状态下生理状态相对正常。

4. 通常在全身情况稳定后，眼部症状可自行好转。

五、缺氧眼损伤

（一）基本知识

急性高空缺氧时，以视杆细胞为主要感受器的夜间视力受影响最严重，自 1200m 高度起即出现障碍；以视锥细胞为主要感受器的昼间视力耐受力较强，平均自 5500m 以上开始受损。中度缺氧时视野将会缩小，上升至 6100m 高空视野时明显缩小，周边视力可能丧失,缺氧继续加重还可发生全盲。

(二)处理原则

1. 缺氧眼损伤多见于高空飞行人员,出现症状后应降低飞行高度,给予增压、吸氧等处理措施。

2. 改善飞机的增压和供氧系统。

3. 进行高空缺氧耐力生理训练,从而提高飞行人员的缺氧耐受能力,或由平原进入高原地区人员的缺氧耐受能力。

六、辐射性眼外伤

电磁波包括范围很广,可对眼产生辐射性损伤。电磁波波长越短,能量越大,其传播可分为电离辐射与非电离辐射。γ射线、X线及远紫外线(即波长在100nm以下的紫外线)等,短波长电磁波在生物组织内产生电离效应,为电离辐射。而近紫外线(即波长在100mm以上的紫外线)、可见光、红外线、微波等波长均较长,能量亦逐渐降低,在生物组织内产生光生化效应或热效应,为非电离辐射。在日常工作及生活中,多见的是各种非电离辐射伤,特别是激光和微波。

(一)电光性眼炎

眼科最常见的一种辐射伤,系暴露于短波紫外线的结果。多见于金属焊接工人或长期户外的工作者。

1. 临床表现

(1)病史:有紫外线照射史。可以是直接照射所致,但更多的是从旁边散射而来,每次剂量虽小,但由于紫外线照射有累积作用,当暴露时间在1天之内累积到15分钟以上时，经6～10小时，即可出现症状。发病时间往往是黄昏或深夜。

(2)症状：接触紫外线照射6～10小时后，双眼同时出现异物刺痛感并逐渐加重，产生剧痛、畏光、流泪、眼睑痉挛。

(3)主要体征：①眼部检查可有眼睑或面部潮红、结膜充血，尤以睑裂部显著。②角膜可有弥散性上皮点状剥脱、荧光素着染，以睑裂部角膜更显著。重者可见角膜上皮大片剥脱，瞳孔呈痉挛性缩小。

(4)进行裂隙灯荧光素染色检查有助于诊断。对疼痛症状较严重无法配合检查的患者可先滴一滴表面麻醉剂再进行检查。

2. 诊断　根据紫外线照射史及眼部体征可明确诊断。

3. 鉴别诊断　应与角膜上皮缺损相鉴别，后者无紫外线照射史。

4. 治疗　①轻症患者不需要特别处理，可局部滴用抗生素滴眼液及涂眼膏，双眼遮盖，休息1～2天即可恢复正常。②对症状及疼痛较重的患者，除用抗生素局部滴眼外，剧痛时可用少量1%丁卡因(潘妥卡因)眼膏暂时缓解症状。因该药有抑制角膜上皮生长的作用，故只作为临时使用，不能作为长期治疗手段。

(二)日光性视网膜病变

眼睛长时间注视强烈的光线，如直接注视太阳或眼科检查及手术中强烈的光源，大量可见光经晶状体到达黄斑聚焦，可引起黄斑的烧灼伤。因多见于观察日食时，也称为日食性视网膜炎。

1. 临床表现

(1)病史：有观察日食或眼科检查手术史。

(2)症状：畏光，视力减退，视物变形，眼前出现黑点。

(3)主要体征：黄斑水肿、出血、色素紊乱，严重者可形成黄斑穿孔。

(4)检查：视野检查可见中心暗点。眼底荧光血管造影(FFA)可有荧光素渗漏。

2. 诊断　根据病史及眼部体征可诊断。

3. 鉴别诊断　应与中心性浆液性脉络膜视网膜病变相鉴别。后者好发于中青年，多单眼发病，无外伤史，FFA 检查有助于诊断。

4. 治疗　①观察日食，应间歇观察或通过有色滤光片短暂观察，并加强防护知识宣教工作，禁止直视太阳、电弧光、较强的照明光源或冰与水面的镜面反光。②如发现视网膜灼伤，早期可服用泼尼松、维生素 B_1、腺苷钴胺(辅酶维生素 B_{12})及血管扩张剂，以改善视网膜营养。当有黄斑穿孔时，酌情采用手术治疗。

(三)电离辐射性损伤

X 线、γ 射线及中子线等照射可引起眼部辐射性损伤，以中子线危害最大，它们造成的损伤均为离子性损害。射线作用于人体组织后，使体内元素的原子失去电子，呈离子化状态，在组织中产生离子化自由基，导致组织损伤。射线也可直接作用于细胞中的 DNA 分子链，导致链的断裂而影响细胞的生长。晶状体是全身对电离辐射最敏感的组织之一。此外，电离辐射还可导致眼睑、结膜、虹膜、睫状体及视网膜等损伤。电离辐射性损伤可见于放射事故、放射治疗及核爆炸等。

1. 临床表现

(1)病史：有放射线接触史。

(2)症状：不同程度的眼部刺激症状及视力减退。

(3)主要体征：①晶状体后极部后囊下细点状、颗粒状混浊，可发展为后囊下皮质呈蜂窝样混浊，伴有空泡，最后可发展为白内障。②其他眼部表现为眼睑皮肤出现红斑、泪液减少、结膜干燥、不同程度的角膜炎、急性虹膜睫状体炎等。

(4)其他体征：可有全身电离辐射的表现，如造血系统损害。

(5)检查：应行详细的眼部裂隙灯和眼底检查。

2. 诊断　根据放射线接触史及临床表现可诊断。

3. 治疗　①放射治疗或从事放射职业的工作人员，应根据不同的辐射源性质和能量，分别选用不同厚度的铅屏蔽和防护眼镜。②白内障混浊明显时，可行白内障摘除及人工晶状体植入术。

七、电光性眼病

在不同的场合，由于紫外线辐射造成的眼部损伤，习惯上统称为电光性眼炎或电光性眼病。电光性眼炎也称电光性眼病或紫外线眼伤，是由于受到紫外线过度照射所引起的眼结膜、角膜的损伤。

在自然界，如高山地区空气稀薄，大气层对紫外线的吸收和散射作用减少，在冰川、雪地、沙漠等炫目耀眼的地区，反射光的紫外线含量增高，也会引起眼部的损害。

在工业上，进行电焊或气焊时，由于不戴防护镜或防护面罩，常因电焊时弧光内射出大量紫外线而引起眼的损伤。

光照对眼睛有一定的影响,特别是光和热的化学作用,会造成视网膜黄斑区损害。例如观察日食的方法不正确,容易造成日食性视网膜病变,严重的会造成视网膜黄斑区损害,甚至引起视网膜黄斑的浅层裂口或长久的深层裂口。紫外线损伤,如雪地、冰面或紫外线对眼的照射,都会引起眼角膜上皮损害,造成畏光、流泪、角膜混浊进而引起角膜炎。因此要注意防范光的化学作用,在室外阳光强烈时,要戴防护有色眼镜,变色镜防护效果较好。

八、眼睑病

最靠近眼球边缘的皮肤就是"眼睑",因炎症反应或病菌感染而引起睫毛及眼睑边缘处的炎症称为"眼睑炎",是最常引起外眼部刺激的原因之一。患者可感受到眼睑灼热、刺激及痒感,有的甚至有眼睑周围溃疡、睫毛掉落等现象。

(一)外睑腺炎

外睑腺炎是 Zeiss 腺、睫毛毛囊或其附属腺体 Moll 腺的急性化脓性炎症,即"外麦粒肿",俗称"针眼"。大多为金黄色葡萄球菌感染所致。

1. 临床表现

(1)患处局部有红、肿、热、痛的表现。

(2)炎症部位主要在睫毛根部的睑缘。

(3)初期眼睑红肿范围弥散,剧烈疼痛,有硬结,压痛明显。

(4)如病变靠近外眦部,可引起反应性球结膜水肿。

(5)可有同侧淋巴结肿大和触痛。

(6)一般2～3天后局部皮肤出现黄色脓点,硬结软化,可自行破溃。随后炎症明显减轻、消退。

2. 诊断 根据典型的眼睑急性炎症表现,可以诊断。

3. 鉴别诊断

(1)眼睑慢性肉芽肿:常由外睑腺炎迁延而来,无明显疼痛,常见睫毛根部慢性局限性充血、隆起,边界清晰。

(2)眼睑蜂窝织炎:眼睑弥漫性潮红肿胀、皮温增高;病变界线不清,无局限性压痛和硬结;毒血症症状,如发热明显。

(3)急性泪囊炎:病变发生在泪囊区,有泪道阻塞黏液性分泌物。

(4)急性泪腺炎:病变位于上睑外上方,同侧外上方穹窿部可见泪腺突出。

4. 治疗

(1)病变初期局部红肿明显时,可行局部冷敷。

(2)局部滴用抗生素滴眼液,如妥布霉素滴眼液、氧氟沙星滴眼液等。

(3)病变早期对患侧行耳尖放血治疗。将耳郭纵向折叠,折角耳尖最高处,针刺放血30～50滴。

(4)若有脓肿形成,如果脓肿尚未破溃或虽然破溃却难以排出脓液时,行脓肿切开排脓,并放置引流条进行引流。外睑腺炎由皮肤面切开,切口应与睑缘平行。脓肿未成熟前切忌挤压,以免感染沿静脉进入颅内,引起海绵窦血栓、败血症等严重并发症。

(5)局部反应明显或伴有全身症状时,可全身应用抗生素治疗。

(6)经3～4周治疗,局部红肿消退,残留局部肉芽组织或包块变硬,患者要求去除者,可行切除术或刮除术。

(二)内睑腺炎

内睑腺炎是睑板腺的急性化脓性炎症,即“内麦粒肿”。多为金黄色葡萄球菌感染所致。

1. 临床表现

(1)患处局部有红、肿、热、痛的表现。

(2)可于皮下睑板部位触及局限性硬结,触痛明显。

(3)相应睑结膜面局限性充血明显。

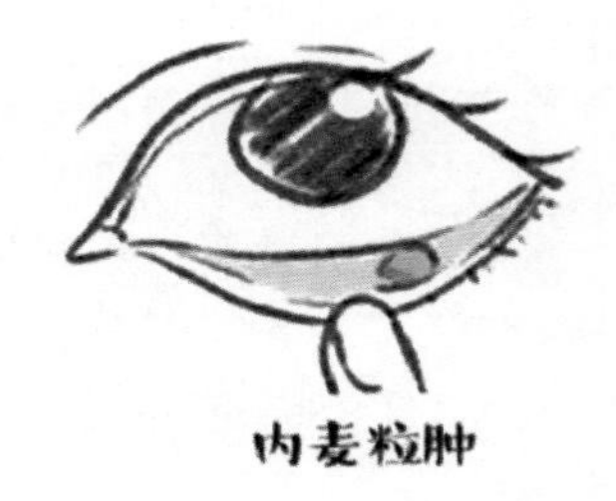
内麦粒肿

(4)2～3 天后可形成黄色脓点,可由结膜面自行破溃,随后炎症明显减轻、消退。

2. 鉴别诊断　早期鉴别诊断同外睑腺炎。晚期要与睑板腺囊肿相鉴别:为睑板腺无菌性慢性肉芽肿炎症,无疼痛,无压痛,界线清楚,相应结膜面慢性充血。

3. 治疗　治疗同外睑腺炎,如有脓肿形成,需由结膜面切开排脓,切口与睑缘垂直。

(三)睑板腺囊肿

睑板腺囊肿又称霰粒肿,是在睑板腺排出管道阻塞和分泌物潴留的基础上形成的睑板腺慢性炎性肉芽肿。该病进展缓慢,可反复发生。可在眼睑上触及坚硬的肿块,但无疼痛,表面皮肤隆起。该病属于常见病,各年龄段均可发病。

1. 临床表现

(1)病程缓慢,一般并无明显症状,眼部无疼痛,有时仅有沉重感,可因肿块压迫而引起暂时性散光,或肿块压迫眼球而引起异物感。

(2)眼睑皮下可触及一个至数个大小不等的圆形肿块,小至米粒、绿豆，大至黄豆、樱桃，表面光滑，不与皮肤粘连，边缘清楚，无触痛。

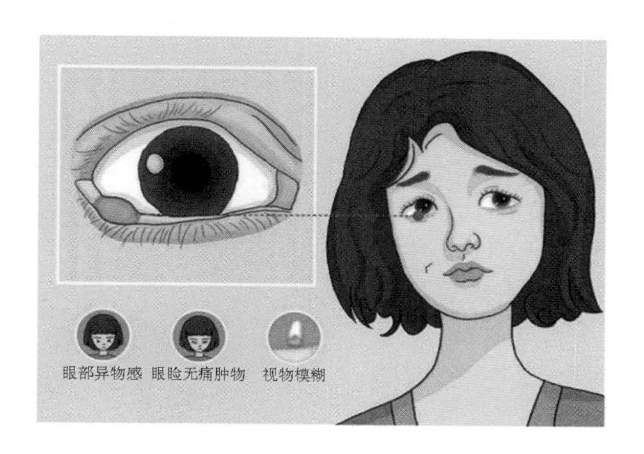

(3)翻转眼睑，在肿块结膜面，可见紫红色或灰红色局部隆起。如有继发感染，可演变为睑腺炎。

(4)小型肿块可自行完全吸收，或自行穿破结膜面，排出胶样内容物，形成蕈状肉芽状增殖，这种肉芽组织亦可通过睑板腺的排出管道，而在睑缘表面形成乳头状的增殖。

2. 诊断　患者通常无自觉症状，眼睑皮下有结节隆起，无压痛，与皮肤无粘连，翻转眼睑，正对囊肿处之结膜而呈紫红色或灰白色(囊肿可自结膜面穿破，露出肉芽组织)。通过眼部检查即可做出诊断。

3. 治疗

(1)早期较小的霰粒肿，可通过热敷或理疗(如按摩疗法)，促进消散吸收。小的囊肿无须治疗。

(2)在囊肿周围或囊肿内注射泼尼松龙 0.3～0.5ml，可以促进其吸收。

(3)大的霰粒肿可行手术摘除。术中一定要将囊壁摘净，以防复发。

九、爆炸伤

爆炸伤是指可爆物发生爆炸时造成的人体损伤。平时的爆炸伤多为意外事故,如煤气罐、锅炉、电视机、化工厂等发生爆炸,也有人为造成的爆炸案件。

爆炸可对人体形成多种损伤,其轻重程度和人体与爆炸中心的距离有关。人体处于爆炸中心部位时,常形成爆炸伤,身体全部或部分被炸碎,组织碎块四处飞溅。爆炸形成的冲击波伤常波及较大范围,表现特点是外轻内重,多处损伤,发展迅速。在距爆炸中心1~2m或更远处,常由爆炸时的飞溅物(如碎铁片、铁砂、雷管导火索、炸飞的玻璃碴等)造成损伤,形成各类创伤或异物嵌入皮下组织及内脏等。距离爆炸现场较近时,可被爆炸时产生的巨大热量而烧伤,常出现在面向爆炸中心的一侧。此外,人体可被爆炸冲击波击倒而发生摔伤;有时建筑物被炸倒塌可致挤压伤和砸伤;通风不良时,爆炸产生的一氧化碳可致人体中毒。

(一)分类

可爆物有化学性和物理性两类。

1. 化学性可爆物　主要是火药、炸药及由其制成的雷管、手榴弹、炸弹等。

2. 物理性可爆物　主要有锅炉、氧气瓶、煤气管道、高压钢瓶、电视机显像管等。

（二）爆炸致伤的基本特点

①伤势重，并发症多，病（伤）死率较高；②爆炸伤事故突发性强，组织指挥困难；③致伤因素多，伤情复杂；④爆炸伤的破坏作用和地面杀伤力异常巨大，人员伤亡比一般伤类时呈扩大趋势；⑤杀伤强度大，作用时间长；⑥内伤和外伤同时存在；⑦易漏诊误诊；⑧冲烧毒复合伤在临床上病情发展迅猛，救治困难。

（三）救治原则

大批伤员出现后，在整体救治实施之前，应提倡自救与互救相结合的原则。伤员应设法尽快脱离事故现场，以避免损伤进一步加重。整体救治应迅速展开，分为现场急救和组织后送两大类。首先应对伤员进行分类，危及生命者进行现场急救，如窒息、开放性大出血、呼吸循环衰竭和气胸等。其余伤员行简单处理后迅速组织后送。

（四）整体救治技术

1. 心肺复苏是脑复苏的基础，心肺复苏的同时必须设法维持足够的血氧分压，尽可能减少缺氧性脑损害带来的脑功能障碍。

2. 抢救休克的关键是迅速建立多条输液通路，使大量晶、胶液及时灌注，即可在代偿期纠正休克。一旦进入失代偿期，则必然会出现水和电解质失衡，甚至危及生命。

3. 止血技术：包括加压包扎、指压、止血带、钳夹和血管结扎止血等，对于一般出血，采用加压包扎效果良好，对合并主干血管损伤的伤员则应采用止血带止血，尽可能为血管吻合创造条件，但一定要标明使用止血带的时间，避免引起肢体坏死。

4. 对四肢骨折的伤员，采用夹板固定，方便、快捷，可减少伤员的痛苦及输送中骨折端的进一步损伤,夹板的松紧应适宜,以免引发医源性骨筋膜间隙综合征。对脊椎骨折的伤员,为避免引发或加重截瘫,必须按要求实行整体搬运。

5. 伤员输送至医院后,应争取在6~8小时彻底清创,对骨折者进行可靠的内固定或骨外固定,脊髓损伤者在病情允许的情况下应在6小时内完成椎管减压。对污染严重的开放骨折,宜首选骨外穿针固定,以降低感染及骨髓炎的发生率。对离断的肢体力争在有效的时间内完成再植,以确保再植的成功率。再植后应密切观察末梢血供情况,避免发生血管危象,确保断肢顺利成活。对离断时间较长的高位断肢再植,应防止毒素吸收危及生命,必要时应截肢。

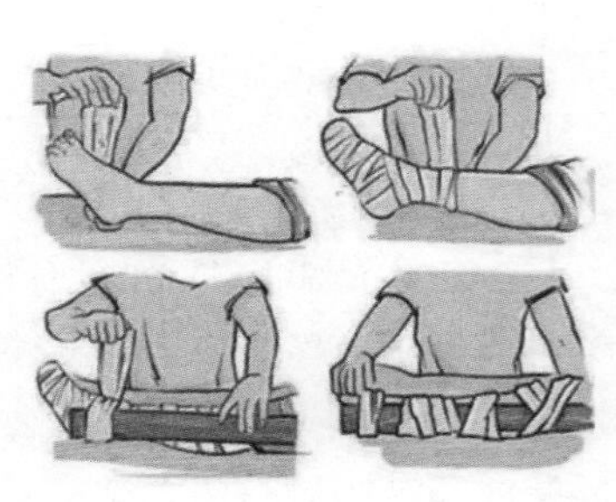

十、抽　搐

抽搐是由患者大脑的异常电活动引起。大多数抽搐可在几分钟内停止,多由癫痫导致。抽搐还可能由头部创伤、低血糖、热相关急症、中毒或心搏骤停导致。

(一)抽搐的征象

抽搐的征象可能因人而异,有些抽搐患者可能有以下征象。

1. 肌肉失控。
2. 双臂和双腿抽搐性运动。
3. 有时也会累及身体其他部位。
4. 身体倒地。
5. 失去反应。

并非所有抽搐的征象都是如此。其他患者可能表现为失去反应及目光呆滞的凝视。抽搐期间，患者可能会咬自己的舌、面颊或嘴。施救人员可以在患者抽搐结束后对这些创伤部位采取急救。患者在抽搐后常见为反应迟缓、意识不清甚至进入睡眠状态。

（二）抽搐患者的急救措施

1. 抽搐期间的患者

(1)移开患者身旁的家具或其他物体。

(2)将一块小垫或毛巾置于患者头部下面。

(3)拨打“120”急救并取得急救箱。

2. 抽搐结束后的患者

(1)检查确认患者有无反应和呼吸。

(2)守在患者身边，直到接受过更高级培训的人员到来接手。

如果患者因为呕吐或口中有液体而出现呼吸困难，应协助患者翻身侧卧。如果患者失去反应，并且呼吸不正常或者仅有濒死叹息样呼吸，应给予心肺复苏。

十一、肢体离断

(一)基本知识

一种看起来非常严重的外出血创伤是创伤性肢体离断。发生肢体离断是指四肢任何部位的肢体离断或撕脱。离断的手指或脚趾也有可能重新接好。正因为如此,务必记住首要的急救措施是压迫止血,有时也需要使用止血带止血,然后保护断肢。

(二)肢体离断患者的急救措施

1. 确保现场是安全的。

2. 自己拨打或叫人拨打“120”急救电话并取来急救箱和自动体外除颤器。

3. 穿戴个人防护设备(如手套、护目镜)。

4. 按压损伤部位以止血(非常用力地按压较长时间才能止血)。

5. 保护肢体离断部位的方法

(1)用干净的水冲洗肢体离断部位。

(2)用洁净敷料覆盖肢体离断部位。

(3)将肢体离断部位放入防水塑料袋。

(4)将塑料袋放入装有冰块或冰水的另一容器中。注明患者姓名、日期和时间。

(5)确保该身体部位随患者一起送入医院。不要将离断部位直接置于冰块上,因为极低温度会对其造成创伤。

十二、低体温(体温过低)

体温过低是低体温的另一种说法。长时间处于寒冷环境或大雨中或者其他湿冷条件下会导致体温过低。人体甚至在室外温度高于冰点时也会出现低体温。当发生体温过低时，会引起严重的后果甚至死亡。

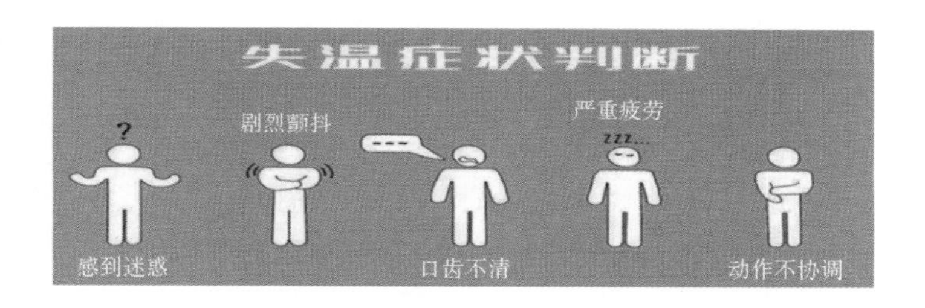

(一)低体温的临床表现

1. 皮肤触感发凉。

2. 寒战，当体温非常低时停止寒战。

3. 意识不清。

4. 性情改变。

5. 嗜睡并且患者对自己的症状漠不关心。

6. 皮肤变得冰冷青紫时，肌肉僵直。

随着患者体温继续下降，可能很难判断其是否有呼吸。患者可能会意识丧失，甚至看似已经死亡。

(二)帮助体温过低患者的方法

1. 确保现场对施救者和体温过低患者都是安全的。

2. 将患者移出寒冷场所。

3. 脱下湿衣服，沾干患者身体，并盖上一条毛毯。

4. 取得急救箱和自动体外除颤器。

5. 拨打“120”急救电话。

6. 为患者穿上干的衣服(用毯子、毛巾甚或报纸裹住身体和头部，但要露出面部)。

7. 守在患者身边，直到接受过更高级培训的人员到来接手。

8. 如果患者失去反应,并且呼吸不正常或者仅有濒死叹息样呼吸,应实施心肺复苏。

十三、高温相关疾病

(一)脱水

在极热环境中工作、训练或玩耍会很危险。如果在未采取正确防护措施的情况下暴露于极其炎热的环境中,可能导致危及生命的医学状况或征象。当因热暴露、过量运动、呕吐、腹泻、发热或液体摄入量减少时引起身体丢失水分或液体时会发生脱水。如果脱水未能及早得到处理,可能会导致休克。

1. 脱水的征象　乏力、口渴或口干、头晕、意识不清、尿量比平时减少。

2. 处理脱水的措施　如果怀疑脱水,应立即联系医务人员。针对脱水最佳措施是预防,确保饮用和进食充足的食物以使身体保持水分。

(二)热痉挛

热痉挛是指疼痛性肌肉痉挛,最常发生于小腿、手臂、腹肌及后背。

1. 热痉挛的征象　肌肉痉挛、出汗、头痛。

2. 帮助热痉挛患者的方法

(1)取得急救箱。

(2)穿戴个人防护设备(PPE)。

(3)让患者休息并降温。

(4)让患者喝一些含糖和电解质的液体,例如运动饮料或果汁,如果没有就喝水。

(5)在患者能够忍受的情况下,可用毛巾包裹一袋冰水敷在痉挛区域(注意不要超过20分钟)。

(三)热衰竭

像热痉挛等的较轻微症状可迅速转变为热衰竭。

1. 热衰竭的征象 热衰竭的征象类似于热射病,有恶心、头晕、呕吐、肌肉痉挛、大量出汗、感觉晕厥或疲劳。

2. 热衰竭的急救措施

(1)取得急救箱。

(2)穿戴个人防护设备(PPE)。

(3)拨打“120”急救电话。

(4)让患者在阴凉的地方躺下。

(5)尽可能多地脱掉患者的衣服。

(6)喷洒凉水为患者降温。如果没有凉水,可在患者颈部、腋窝和腹股沟处放凉爽湿润的布巾。

(7)如果患者有反应能喝水,可以让患者喝一些含糖和电解质的液体,例如运动饮料或果汁,如果没有就喝水。

(四)热射病

热射病是一种可危及生命的危险病症。立即开始给可能患上热射病的人降温很重要。如果不能将患者浸在水中,可尝试用喷洒凉水的方法降温。如果患者身体开始表现出恢复正常征象,应停止降温,如果继续降温,可能会导致低体温。

1. 热射病的征象 意识不清、感觉晕厥或疲劳、头晕、晕厥、恶心呕吐、肌肉痉挛、抽搐。

2. 热射病患者的急救措施

(1)拨打“120”急救电话。

(2)将患者放入凉水中,水深最多没到颈部,或者往患者身上

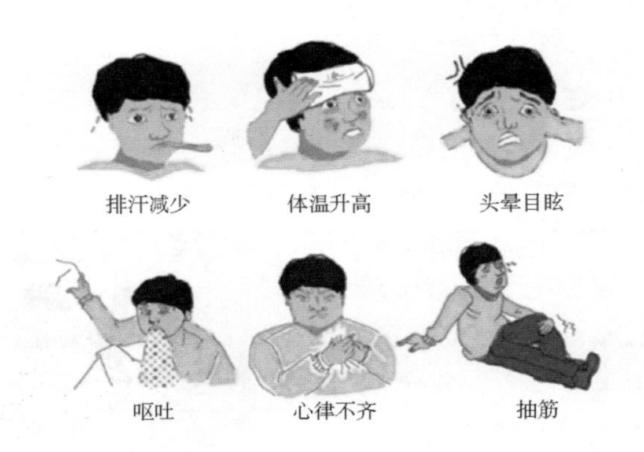

喷洒凉水。

(3)如果患者失去反应,并且呼吸不正常或仅有濒死叹息样呼吸,应实施心肺复苏。

十四、心脏病发作

人们通常使用术语心搏骤停和心脏病发作表达相同的意思,但实际上它们的含义并不相同。心搏骤停属于“心律”问题。当心脏不能正常工作并意外停止跳动时,即会发生这样的问题。心脏病发作属于“血栓”问题。当血栓阻止血流时,即会发生这样的问题。

(一)心搏骤停

心搏骤停是异常心律导致的结果。这种异常节律导致心脏颤动,所以心脏再也不能将血液泵送到大脑、肺和其他器官。在几秒内,患者失去反应、无呼吸或仅有濒死叹息样呼吸。如果患者没有立即接受紧急救治,则会在几分钟内死亡。

心搏骤停的抢救必须争分夺秒,千万不要坐等救护车到来再送医院救治。要当机立断进行心肺复苏。

(二)心脏病发作

当流经部分心肌的血液被血栓阻塞时,即会出现心脏病发作。通常,在心脏病发作期间,心脏继续泵血。有心脏病发作的患者可能出现胸部不适或疼痛。患者的一只或两只手臂、颈部、下颏或肩胛骨之间的后背处可能有不适感。心脏病发作的患者等候治疗的时间越长,心肌受损的可能性越大。有时,受损的心肌会触发导致心搏骤停的异常心律。

心脏病发作的典型表现

(1)胸部不适:大多数心脏病发作会在胸部中央引起不适并持续几分钟以上,也可能反复出现不适感。患者会有不舒服的重压感、挤压感、胀满或疼痛感。

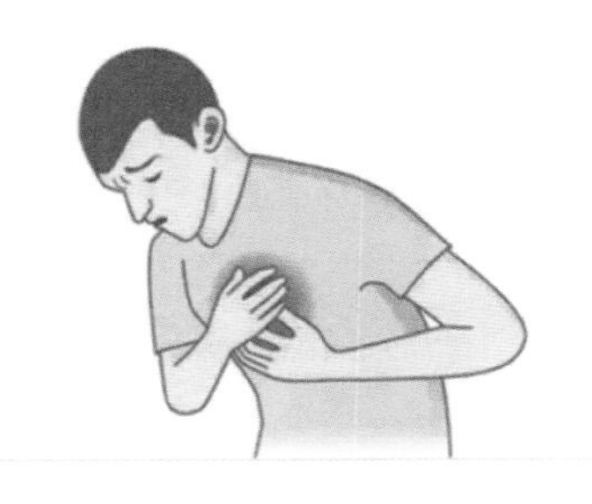

(2)身体其他部位的不适感:不适感也可能出现在上半身的其他部位。症状可包括一只或两只手臂、后背、颈部、下颏或胃部疼痛或胃部不适。

(3)其他表现:心脏病发作的其他表现包括气促(伴或不伴胸部不适)。

(4)女性、老年人和糖尿病患者更可能表现出不典型的心脏病发作症状。这些症状表现包括胸痛、胃灼热或消化不良,后背、下颏、颈部或肩部有不适感,呼吸困难,恶心或呕吐。

很多人不愿意承认自己的身体不适是因心脏病发作引起的。人们通常会这样说:

“我这么健康。”

“我不想麻烦医生。”

“我不想吓到我爱人。”

“如果不是心脏病发作,我会觉得自己很傻。”

如果您怀疑某人心脏病发作,请快速采取措施并马上拨打“120”急救电话。即便患者不愿意承认自己有身体不适,也应该毫不犹豫地采取措施。

十五、胸　痛

胸痛是临床常见症状,发生在颈部以下、肋骨下缘以上的疼痛都认为是胸痛。引起胸痛的原因复杂多样,主要是胸部疾病所致,如冠心病、主动脉夹层、肺栓塞、气胸、胸膜炎;也可由其他疾病引起,如带状疱疹、心理疾病等。胸痛的性质也多种多样。例如,心绞痛和心肌梗死表现为绞榨样痛、胸口有压迫感;主动脉夹层和气胸均可能有撕裂样痛;食管炎为烧灼样痛;肋间神经痛呈阵发性刺痛;胃痛表现为钝痛或隐痛等。

(一)胸痛的常见原因

1. *急性胸部损伤*　可以造成胸部肋骨、胸壁软组织等损伤而造成胸痛,需要行胸部摄片或胸部 CT 等检查,予以明确。

2. *气胸*　胸腔积液也可以引起胸痛。

3. *急性心肌梗死*　可以引起胸痛,心电图有异常的 Q 波,心肌酶提示肌钙蛋白明显升高,需要及时行冠状动脉造影检查予以明确,及时进行处理。

4. *肺动脉栓塞*　主要是下肢深静脉血栓,栓子脱落进入体循环造成肺动脉栓塞而引起胸痛。

5. *主动脉的夹层动脉瘤*　可引起急性胸痛;慢性的胸痛主要是胸壁的慢性劳损。

(二)胸痛的救治方法

1. *意识清醒*　当胸痛患者意识清醒时,需按照以下步骤对患者进行救治。

(1)安抚患者情绪,使其保持镇静,并嘱其在原地坐下安静休息,若有呼吸困难可取半卧位,千万不能自行移动,以免导致猝死。如条件允许,可给予患者吸氧。

(2)为患者测量血压。如果患者血压不低,且有冠心病病史,帮助其舌下含服硝酸甘油,5 分钟 1 次,最多 3 次。切记:血压低的患者不可服用硝酸甘油,如发生急性下壁心肌梗死;在明确急性心肌梗死的情况下,可给患者尽快嚼服阿司匹林 300mg。

(3)保持呼吸道通畅,如有呼吸困难及咯血,使患者头偏向一侧。

2. 意识丧失　如果患者意识丧失,且呼吸停止或呈濒死样呼吸,应立即对其行心肺复苏术,具体请参照心搏骤停急救法,在施救过程中注意使用呼吸膜,用于施救者的自我防护。

(三)风险预防

1. 有冠心病病史的患者,应随身携带阿司匹林、硝酸甘油等药物。

2. 冠心病患者应注意保持心情愉快、开朗,避免过度劳累,戒烟限酒。

特别提示:饮食要低盐低脂,少量多餐,不能过饱;要合理安排作息,保证足够的睡眠。

3. 救治时尽量不给患者喂食水,因其可能会增加心肌耗氧量,加重病情。

4. 无论胸痛是否缓解,都要让患者到医院检查,以明确病因。

5. 就诊时,患者需携带身份证、既往病历等就诊资料及正在服用的药物等。

6. 患者不能自行驾车前往医院就诊,否则可能导致直接猝死。

第四部分

反恐防暴

恐怖袭击是指针对公众或特定目标,通过使用极端暴力手段(如暴力劫持、自杀式爆炸、汽车爆炸、施放毒气或投放危险性、放射性物质),造成人员伤亡或重大财产损失,危害公共安全,制造社会恐慌的行为。

一、常见的恐怖暴力袭击手段

(一)常规手段

1. 袭击

(1)爆炸:炸弹爆炸、汽车炸弹爆炸、自杀性人体炸弹爆炸等。

(2)枪击:手枪射击、制式步枪或冲锋枪射击等。

2. 劫持　劫持人,劫持车、船、飞机等。

3. 纵火破坏　使用汽油、柴油等易燃物品对交通工具、建筑物等实施纵火焚烧,从而破坏电力、交通、通信、供气供水设施等。

(二)非常规手段

1. 核辐射恐怖袭击。

2. 生化恐怖袭击。

3. 网络恐怖袭击。

二、如何识别可疑人、车、物

(一)如何识别恐怖嫌犯

1. 神情恐慌、言行异常者。

2. 着装、携带物品与其身份、季节不符者。

3. 冒称熟人、假献殷勤者。

4. 在检查中，催促检查或态度蛮横、不愿接受检查者。

5. 频繁进出大型活动场所。

6. 反复在警戒区附近出现。

7. 疑似公安部门通报的嫌疑人员。

(二)如何识别可疑车辆

1. 状态异常　车辆结合部位及边角外部的车漆颜色与车辆颜色是否一致、确定车辆是否改色；车的门锁、后备厢锁、车窗玻璃是否有撬压破损痕迹；如车灯是否破损或异物填塞，车体表面是否附有异常导线或细绳。

2. 车辆停留异常　违反规定停留在水、电、气等重要设施附近或人员密集场所。

3. 车内人员异常　如在检查过程中，神色惊慌、催促检查或态度蛮横、不愿接受检查；发现警察后启动车辆躲避的。

(三)如何识别可疑爆炸物

在不触动可疑物的前提下：

1. 看　由表及里、由近及远、由上到下无一遗漏地观察，识别、判断可疑物品或可疑部位有无暗藏的爆炸装置。

2. 听　在寂静的环境中用耳倾听是否有异常声响。

3. 嗅　如黑火药含有硫黄，会放出臭鸡蛋(硫化氢)味；自制硝铵炸药的硝酸铵会分解出明显的氨水味等。

(四)如果发现可疑爆炸物怎么办

1. 不要触动。

2. 及时报警。

3. 迅速撤离。疏散时,有序撤离,不要拥挤,以免发生踩踏造成伤亡。

4. 协助警方的调查。目击者应尽量识别可疑物发现的时间、大小、位置、外观,有无人动过等情况,如有可能,用手中的照相机进行照相或录像,为警方提供有价值的线索。

三、遇到恐怖袭击怎么办

恐怖袭击往往发生在人潮拥挤的车站、购物中心等公共场所。面对成规模的武装暴徒,一般人都会选择四散逃生,很难组织起有效的抵抗和自救。加之这类场所较封闭,短期内不易疏散逃离,人群的拥挤慌乱反而便于恐怖分子行凶。此时就要根据自身的情况,冷静地选择逃生方式,不要慌不择路,给暴徒以可乘之机。

1. 发生爆炸恐怖袭击时,要保持镇静,紧急判断自身位置和逃生方向,第一时间远离事发场所中心。不要随大规模人群前进,尽可能选择多条路径。并抛弃一切妨碍行动的随身物品,切忌贪恋财物,也不要逆着人群流动,防止被挤倒、踩踏。

2. 无法找到安全的逃生通道时,尽量选择邻近的店铺、宾馆、洗手间等狭窄封闭空间躲避,利用手边可作武器的物品抱团抵抗,边报警边等待救援。

3. 行动不便的老弱妇孺面对迫在眉睫的伤害应就地寻找掩体,避免腹背受敌。利用手边的行李箱、包护住易受伤的要害部位,尽可能拖延时间,以提高生还概率。

4. 当恐怖分子迂回寻找目标施暴时，伤员或行动不便者不要急于逃离，让自己成为追杀对象。可就地躲藏或装死。

5. 逃离过程中发现与家人失散的小孩时，尽可能地将其带至安全区。事后再通过警方寻找其家人父母。

6. 到达安全区后，及时检查是否受伤，就近寻求医护人员帮助或采取紧急自救措施。并积极向警方提供现场信息，协助警方控制局势，缉捕凶徒。

7. 发生恐怖暴力袭击城市的民众听到消息后应待在家中，关好门窗，尽量避免外出活动。不要擅自前往现场救助家人朋友，献血等公益活动应等待政府统一安排调度，以免造成秩序混乱，给执行武装戒严和搜捕的公安民警增添不必要的安保负担。

(一)爆炸事件发生在室内场所的应对措施

1. 镇静，尽快撤离，避免进入实验室等有易燃易爆品的危险地点。

2. 不盲目跟从人群逃离。

3. 寻找有利地形地物隐蔽。

4. 实施自救和互救。

5. 不要因顾及贵重物品而浪费逃生时间。

6. 迅速报警。

7. 按照指挥及时撤离现场，如果现实条件不允许，原地卧倒，等待救援。

8. 协助警方调查。

(二)爆炸事件发生在室外或开放式场所的应对措施

1. 迅速有序远离爆炸现场。来不及逃跑时立即卧倒，紧趴在地上。

2. 按照疏散指示和标志撤离到安全区域。

3. 不要因顾及贵重物品而浪费逃生时间。

4. 实施自救和救助他人。

5. 拨打报警电话,客观详细地描述事件发生、发展经过。

6. 协助警方调查。

(三)在体育馆、图书馆等大型建筑发生爆炸的应对措施

1. 迅速有序远离爆炸现场,避免拥挤、踩踏造成伤亡。

2. 撤离时要注意观察场馆内的安全疏散指示和标志(平时养成良好习惯,进入陌生场所,注意观察疏散通道、疏散标志、疏散方向等)。

3. 场所内人员应按照疏散指示和标志从疏散口撤离到场馆外。

4. 体育场馆内部体育官员、工作人员及运动员,应根据沿途的疏散指示和标志通过内部通道疏散。

5. 不要因贪恋财物浪费逃生时间。

6. 实施必要的自救和救助他人。

7. 拨打报警电话,客观详细地描述事件发生、发展经过。

8. 注意观察现场可疑人、可疑物,协助警方调查。

(四)在商场与集贸市场发生爆炸的应对措施

1. 保持镇静,迅速选择最近安全出口有序撤离现场。

2. 注意避开临时搭建的货架,避免因坍塌可能造成新的伤害。

3. 注意避开脚下物品,一旦跌倒应设法让身体靠近墙根或其他支撑物。

4. 实施自救和救助他人。

5. 不要因顾及贵重物品而浪费宝贵的逃生时间。

6. 迅速报警，客观详细地向警方描述事件发生、发展的经过。

7. 注意观察现场可疑人、可疑物，协助警方调查。

(五)遇到纵火恐怖袭击怎么办

1. 熟悉环境，暗记出口　在陌生的环境里，如入住酒店、商场购物、进入娱乐场所时，为自身安全，要留心疏散通道、安全出口及楼梯方位等，以便需要时能尽快逃离现场。

2. 扑灭小火，惠及他人　如果发现火势并不大，尚未对人造成很大威胁时，可用消防器材，如灭火器、消防栓等，奋力将小火控制，扑灭；不要惊慌失措地乱叫乱窜，置小火于不顾而酿成大灾。

3. 保持镇静，明辨方向，迅速撤离　面对浓烟和烈火，要保持镇静，迅速判断危险地点和安全地点，决定逃生的办法，尽快撤离险地。

4. 不入险地，不贪财物　尽快撤离，不要因害羞或顾及贵重物品，把时间浪费在穿衣或寻找、搬离贵重物品上。已逃离险境的人员，切莫重返险地。

(六)纵火恐怖袭击“七忌”

1. 忌惊慌失措　不可惊慌失措，盲目逃跑或纵身跳楼。要保持冷静，尽快了解所处的环境位置、起火点、起火原因和火势大小，正确选择逃生方法和路线。

2. 忌盲目呼喊　现代建筑物燃烧时会散发出大量的烟雾和有毒气体，容易造成毒气窒息死亡。可用湿毛巾捂住口鼻，匍匐前进逃离，紧急时刻呼叫时也不能移开毛巾。

3. 忌贪恋财物　不要为穿衣或取贵重物品浪费时间，更不要为入室拿物品而重返火海。

4. 忌乱开门窗　如房间充满烟雾,必须时,可打开门窗,排放烟雾后,应立即重新关闭好,防止长时间开窗致使外面大量浓烟涌入室内,能见度降低,高温和毒气充斥,无法藏身。

5. 忌乘坐电梯　一旦着火,电梯就会断电,可能将你困在电梯,无法逃生。

6. 忌随意奔跑　随意奔跑,不仅容易引火烧身,还会引起新的燃烧点,造成火势蔓延。

7. 忌轻易跳楼　在房间无法避难时,也不要轻易做出跳楼的决定,此时可扒住阳台或窗台翻出窗外,等待救援。

(七)遇到枪击时怎么办

1. 掩蔽物最好处于自己与恐怖分子之间。

2. 选择密度质地不易被穿透的掩蔽物。如墙体、立柱、大树干,汽车前部发动机及轮胎等;但木门、玻璃门、垃圾桶、灌木丛、花篮、柜台、场馆内座椅、汽车门和尾部等不能够挡住子弹,虽不能作为掩蔽体,但能够提供隐蔽作用,使恐怖分子在第一时间不能够发现你,为下一步逃生提供了时间。

3. 选择能够挡住自己身体的掩蔽物。有些物体质地密度大,但体积过小,不足以完全挡住自己身体,就起不到掩蔽目的。如路灯杆、小树干、消防栓等。

4. 选择形状易于隐藏身体,如立柱;不规则物体容易产生跳弹,掩蔽其后容易被跳弹伤及,如假山、观赏石等。

四、被劫持为人质怎么办

1. 一旦你不幸被劫持为人质，那么首先不要惊慌，不要乱喊乱叫，歇斯底里地乱蹦乱跳。不然恐怖分子一旦觉得你这样可能给他带来麻烦，很可能会给你带来生命威胁。

2. 要尽量向劫持者表示你的顺从，不要呼喊，不要有大的动作，尤其是不要主动试图和劫持者有身体上的接触；如果你要有什么动作，一定要首先征得劫持者的同意，并且让他知道这样的动作不会对他造成任何的伤害。

3. 一定要想办法稳定劫持者的情绪，特别是那些身上有爆炸物的劫持者。如果劫持者情绪相对稳定，你可以小心地尽量想办法使劫持者背对窗户和门，这样可以让劫持者在警方破窗而入的时候反应迟缓。

4. 如果劫持者是抱住你的，而劫持者身上又无爆炸装置。那么你应当小心地观察窗户外面有无高楼、山坡、车辆、树丛等，如果有，那么你应当尽量地减少身体的晃动，如果有可能，应当让劫持者处于窗户附近。这样做的目的是给外面可能存在的警方狙击手提供好的射击机会。

总之，一旦成为人质，首先要保持镇静，不要激怒劫持者，并且寻找机会逃脱或者给警方创造好的营救机会。

五、恐怖袭击事件的应急救护

1. 出血的处理　见第一部分急救技术“止血、包扎”。

2. 骨折的处理　见第一部分急救技术“固定”。

3. 无意识、无呼吸患者的处理　见第一部分急救技术“心肺复苏”。

4. 烧烫伤的处理　见第二部分应急救护。

5. 特殊伤急救注意事项

(1)异物插入:切勿拔出异物(匕首、铁器等),环绕异物进行加压包扎后,送医院救治。

(2)内脏脱出:切勿还纳脱出的脏器,用干净的碗、杯等遮扣保护后进行包扎,尽快送医院救治。

(3)肢体离断:首先对伤肢包扎止血,收集离断肢体,用敷料(如干净的布、毛巾、衣物等)包裹后,再用塑料薄膜包起来存放于0~4℃的低温条件下(禁止在冰水中浸泡),随伤者一同送入医院救治。

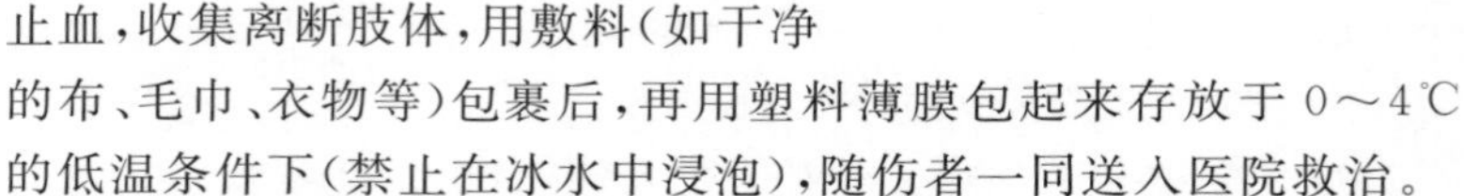

6. 救护者自我防护

(1)避免直接接触伤者的血液或者其他液体。

(2)如有条件,接触伤者时应戴防护用具(如一次性手套等)。

(3)急救后,应及时更换衣物,并用肥皂水洗手。

六、恐怖袭击事件的预防

1. 个人、家庭、学校、社区及各类公共场所都应提高预防恐怖袭击的意识,防患于未然。

2. 制订应急预案,规划逃生、疏散线路,并进行演练。

3. 确保应对突发事件的设施(避难场所等)、用品(如应急包、急救包等)随时可以使用。

4. 对周围要特别照顾的人群(如老年人、儿童、残疾人)进行评估,并制订专门的应急计划。

5. 阅读相关书籍或期刊,了解防恐相关知识。

6. 发现可疑人员,或者可疑物品,要向公安机关报告。

7. 进入陌生环境时,首先要了解应急逃生方式。

8. 到当地医院或者社区卫生基地参加应急救护培训。

CHAIN OF SURVIVAL

第五部分

安全知识

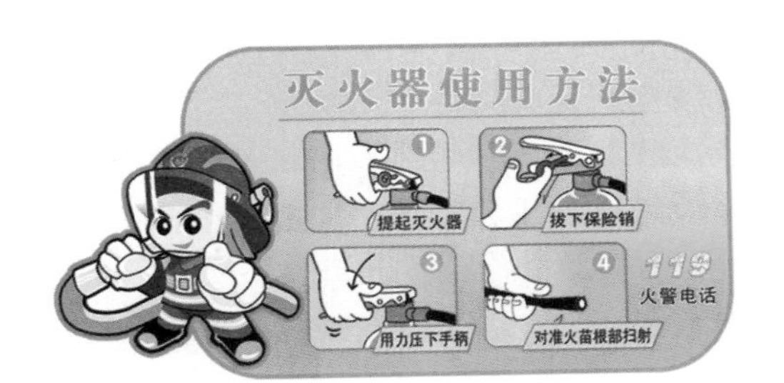
灭火器使用方法
1
提起灭火器
2
拔下保险销
3
用力压下手柄
4
对准火苗根部扫射
119
火警电话

一、生活安全

(一)家居安全

1. 厨房安全　家庭中许多事故如烫伤、失火等，大都是在厨房内发生的，日常生活中要提防厨房发生意外，必须注意以下几点。

(1)做饭时要穿紧袖的衣服，在厨房里干活穿拖到地板上的长袍和肥大的脱鞋容易被绊倒，这是很危险的。

(2)做饭时，一切有柄炊具的把手应该指向墙壁，这样有人经过炉旁时，不会碰翻锅，小孩也不会轻易抓到把手，避免因打翻锅而被烫伤。

(3)烹煮食物时，不要随意离开，离开前须将烟火关闭。

(4)做油炸食品时，要预备锅盖及大块湿毛巾，一旦起火，可以用锅盖盖严灭火，不要向油锅泼水。

(5)要经常检查、清洗炉灶，此外，炉旁不应放置易燃物。

(6)锅的金属把手会被烧得很烫，小心烫伤。

(7)刀具应该放在小孩拿不到的地方。

(8)厨房壁柜的门打开后要随手关上。柜门的尖角容易把人碰伤，齐眼高的就更危险。

(9)不要把湿抹布放在插头、电源线上，以防触电。

2. 高压锅防爆

(1)使用前，认真检查锅盖的通气孔是不是通畅，安全阀是不是完好无损。

(2)使用中，不要触动高压锅的压力阀，更不要在压力阀上加放抹布等物品。

(3)饭菜做好后，不能马上取下压力阀或者马上开盖，要等锅自然冷却，锅中的高压蒸汽降温降压后才能取掉压力阀，打开锅盖。

（4）若发现压力阀孔不排气，可能是锅盖的通气孔被锅内的食物堵住了。这时，应立即关火，使锅降温，直到可以打开锅盖为止，然后用水冲洗锅盖上的通气孔，排净堵塞物。

（5）锅内食品不能太满，尤其是煮粥。

3. 燃气泄漏预防及自救方法　日常生活中的煤气、天然气、液化石油气、沼气等均属于易燃易爆气体，在使用中如有泄漏，极易发生火灾或爆炸。预防措施如下。

（1）使用炉灶时，要随时有人看管，防止中间火焰熄火、漏气遇到火发生爆炸。

（2）点火时，遵循先开阀放气，后点火的程序；关火时，遵循先关火，后关阀闭气的顺序。

（3）经常检查灶具及管道有无泄漏、软管有无老化，天然气连接软管应 1 年更换 1 次，发现漏气应立即停用，同时报告供气部门。

（4）不要私自安装、延长、拆改管阀和管道。

（5）燃气灶周围严禁存放易燃易爆物品。

（6）不要将重物压在输气管道上。

（7）液化气罐禁止在地下室使用，也不要碰撞敲打，严禁用火烤等方法对液化气罐加温。

（8）建筑物内的燃气管道不要暗设，不得穿越卧室、浴室或地下室等部位。如必须穿越，应加设套管。

（9）燃气灶严禁安装在没有通风条件下的地下室或住人的房间内。

（10）有条件的家庭应安装天然气泄漏报警器，发现有燃气泄漏现象,切勿开灯和打开电器开关,更不能动用明火,若身穿羽绒服应立即脱掉,迅速打开门窗通风。燃气因泄漏着火时,可将毛巾或抹布淋湿盖住着火点,同时迅速关闭阀门。关闭阀门时要注意防止烫伤。灭火过程中不要把气瓶弄倒,以免造成更大危险。可使用灭火器灭火。

(二)电器使用安全

1. 常用家用电器的安全使用注意事项

(1)家庭常用的电热器有电炉、电饭煲、电炒锅、电熨斗、电烤箱、电热毯等。使用过程中必须有人看管,不可中途随便离开,人离开时必须切断电源。尤其是使用中遇到停电,切勿忘记拔下插头。电热器具其下方的台面必须由不燃材料制作,使用中或用完未冷却的电热器具应远离易燃、易爆物品。

(2)家庭常用的非电热式电器有电视机、电冰箱、洗衣机、空调机等。注意勿在短时间内连续停、开空调器,停电时勿忘将开关置于“停”的位置,勿使可燃窗帘靠近窗式空调器,以免窗帘受热起火;不宜长时间连续收看电视节目,以免机内热量积聚,高温季节尤应如此,保证电视机周围通风良好,以利散热,防止电视机受潮,防止因潮湿损坏内部零件或造成短路,若电视机遇到明火,显像管经高温冲撞,发热太厉害会引起爆炸,同样收录机、电脑等也应远离明火;勿在电冰箱中储存乙醚等低沸点易燃液体,若需存放时,应先将温控器改装机外,勿用水冲洗电冰箱,防止温控电气开关受潮失灵,勿频繁开、启电冰箱,每次停机 5 分钟后方可再开机启动;而当洗衣机投入衣物过多或小物件被卡住时,会使电机负荷过大,导致线圈过热发生

短路；羽绒服禁止使用洗衣机洗涤，以免高速摩擦产热引起爆炸。

(3)如多种家用电器同时使用（如空调、冰箱、彩电、电饭煲等），用电量过大，超过电线的最大允许电流，会致使电线发热着火，引发火灾事故。

2. 家用电器着火后怎样扑救

(1)立即关机，拔下电源插头或拉下总闸。

(2)如果是导线绝缘体和电器外壳等可燃材料着火时，可用湿棉被等覆盖物封闭窒息灭火。

(3)不得用水扑救电视机火灾，以防引起电视机的显像管炸裂伤人。

(4) 家用电器发生火灾后未经修理不得接通电源使用，以免触电、发生火灾事故。

注意事项：在没有切断电源的情况下，千万不能用水或泡沫灭火剂扑灭电器火灾，否则，扑救人员随时都有触电的危险。应选用二氧化碳、干粉灭火器或者干沙土进行扑救，而且要与电器设备和电线保持 2m 以上的距离。

3. 警惕家庭中隐藏的“炸弹”　你相信“杀虫剂”“空气清新剂”“摩丝”“发胶”、罐装“碳酸饮料”等日常用品偶尔会发“脾气”吗？它们是经高压液化在罐内的，罐体满足不了气体膨胀的压力时，自然会爆炸。只要接近火源或喷量过大、浓度过高都有可能爆炸，日常使用的摩丝、发胶，喷上后如若马上用电吹风吹，易燃气体在头上遇高温电吹风就极易发生燃烧爆炸，这就是我们所说的“闪爆”。

4. 几项居家安全建议

(1)藏好危险物品：包括药品、成人用的尖头用具及纽扣、电池、笔帽等小物件要放在上了锁的抽屉、箱子或孩子不易拿到的地方；不要把乙醇、汽油、清洁剂、农药等化学剂装在饮料瓶中，放在孩子拿得到的地方，以免让孩子误食。

(2)照看孩子注意：不在窗边摆放可供攀爬的凳子、桌子，不

给孩子爬窗的机会;不要把幼童单独留在家;不要把花生、水果糖等圆的、硬的易导致幼儿窒息的食物放在幼童易拿到的地方。

(3)保持良好的生活习惯:如用蚊香驱蚊时,要远离纸张、布料、蚊帐等可燃物,并放在支架上,人离开时应予以熄灭;不准躺在床上或沙发上吸烟,不准乱丢烟头和火柴梗,乱磕烟灰,更不准将引燃的烟头随处乱放等。

(4)家庭安全检查:就寝离家确认"五关"——水、电、燃气、门、窗。

(5)应急电话:把119、110、120等急用电话写在电话机旁。

(三)饮食安全

1. 不吃不新鲜的食物和变质食物。

2. 不吃来路不明的食物。

3. 注意食品保质期和保质方法。

4. 不自行采摘蘑菇和其他不认识的食物食用。

5. 加工菜豆、豆浆等豆类食品时,一定要充分加热。

6. 不吃发芽、发霉的土豆和花生。

7. 一定不要采摘和食用刚喷洒过农药的瓜果蔬菜。食用蔬菜、水果前要用清水浸泡一段时间,以去除果菜表面残留的农药。

8. 生熟食品分开存放。

9. 保持厨房清洁。烹饪用具、刀叉餐具等都应用干净的布揩干擦净。

10. 处理食品前先洗手。

11. 动物身上常带有致病微生物,一定不要让昆虫、兔、鼠和其他动物接触食品。

12. 饮用水和厨房用水应保持清洁干净。若水不清洁，应把水煮沸或进行消毒处理。

（四）水上安全

1. 在开放且有救生人员看守的水域戏水游泳，对水域环境不熟悉时，不随意下水。

2. 不单独下水，须有人照顾或结伴而游。

3. 不要游离岸边太远，泳技差者不要到深水区，要遵守安全标示，以免发生危险。

4. 勿在饭后马上游泳，勿在吃药或酒后游泳。

5. 不要随意跳水，下水前要先活动身体。

6. 不穿着牛仔裤或长裤下水。

7. 不要倚赖充气式浮具，万一破裂，便无所依靠。

8. 自己遇险或四肢抽筋时，应镇静并及早举手呼救或漂浮等待救援。

9. 如遇水流，勿逆游与急流搏斗，应顺流斜向游往岸边。

10. 有疲乏、眩晕、恶心、四肢抽筋时应立即上岸。

11. 见人溺水，须大声呼救。不熟悉救生技术者，不要妄自施救。

（五）电梯使用安全

1. 坐电梯的安全常识

（1）民用客运电梯的负载能力通常为 1 吨，乘员不宜超过 14 人。如果超过了额定的负载能力，就容易发生意外。坐电梯不可争先抢上，以免发生意外。

（2）高层建筑倘若发生火灾时千万不可坐电梯下楼。携带汽油、酒精、鞭炮等易燃易爆物品的人也不应该坐电梯上下楼。

（3）强烈的雷雨天，没有紧急事情最好暂时不要坐电梯。因为电梯机房通常是在楼顶的最高处，如果防雷装置有欠缺，容易招引雷电。

2. 被困电梯如何自救　电梯给生活在城市的人们带来了不少的方便，但如果电梯坏了，受困者需掌握以下自救方法，确保安全，获得救援。

（1）保持镇定，并且安慰困在一起的人，向大家解释不会有危险，电梯不会掉下电梯槽。电梯槽有防坠安全装置，会牢牢夹住电梯两旁的钢轨，安全装置也不会失灵。

（2）利用警钟或对讲机、手机求援，如无警钟或对讲机，手机又失灵时，可拍门叫喊，如怕手痛，可脱下鞋子敲打，发信号求救。

（3）如无人回应，需镇静等待，观察动静，保持体力，等待营救。

（4）不要强行扒门或扒撬电梯轿厢上的安全窗，这样会给你带来新的险情。

（六）公共场所安全

1. 如何应对公共场所拥挤踩踏现象

（1）人群拥挤不要好奇，应远离人群以保护自己。

（2）及时拨打 110 或 120 等报警电话。

（3）不跟随人群盲目乱动，冷静观察周围形势。

（4）已被裹挟至拥挤的人群中时，要听从指挥人员口令。

（5）切记与大多数人的前进方面保持一致，不要试图超过别人，更不能逆行。

（6）跑的时候踏稳每一步，努力保持身体平衡。

（7）发现有人跌倒，要马上停下脚步，同时大声呼救，告知后面的人不要靠近。

（8）若被推倒，要设法靠近墙壁，身体面壁蜷成球状，双手在颈后紧扣，以保护身体最脆弱的部位。如有可能，抓住一样坚固牢靠的东西。

（9）若跌倒在地，应保持俯卧姿势，两手紧抱后脑，两肘支撑地面，胸部不要贴地，这是防止踏伤最关键的一招。

(10)当带着孩子遭遇拥挤的人群时，最好将孩子抱起来，避免在混乱中被踩伤。

2. 公共场所撤退法则

冷静观察，听从指挥；

踏稳脚步，与人一致；

有人跌倒，大声呼救；

跌倒在地，蜷成球形；

避免仰卧，以免踏伤。

二、交通安全

(一)道路交通安全

1. 道路交通安全常识

(1)指挥灯信号的含义

①绿灯亮时，准许车辆、行人通行。

②红灯亮时，不准车辆、行人通行。

③黄灯亮时，不准车辆、行人通行，但已超过停止线的车辆和已经进入人行横道的行人，可以继续通行。

④黄灯闪烁时，车辆、行人须在确保安全的原则下通行。

(2)常用交通标志：道路交通标志是用图形符号和文字传递特定信息，用以管理交通的安全设施。主要标志有禁令标志、警告标志、指示标志 3 种。

①禁令标志：禁令标志是禁止或限制车辆、行人交通行为的标志。形状一般为圆形，个别是顶角朝下的等边三角形。其颜色为白底，红圈，黑图案，图案压杠。常用的有 35 种。

②警告标志：警告标志是警告车辆、行人注意危险地点的标志。是顶角朝上的等边三角形。颜色是黄底、黑边、黑图案，也有

白底红图案的。常用的有 23 种。

③指示标志:指示标志是指示车辆、行人行进的标志。其颜色为蓝底,白图案,其形状分为圆形、长方形和正方形。常用的有 25 种。

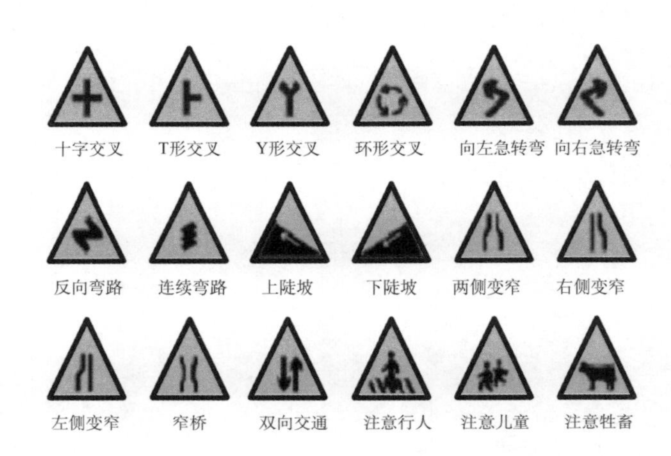

2. 行人交通安全

(1)须在人行道内行走,没有人行道的,须靠右边行走。

(2)横过马路时须走人行横道、过街天桥或地下通道。

(3)过人行横道时“红灯停,绿灯行”。通过时,应先看左后看右,在确保安全的情况下迅速通过。

(4)过铁道口要小心火车。护栏下落时,要耐心等待,不能钻杆抢行。

(5)集体外出时,最好有组织、有秩序地列队行走;结伴外出时,不要相互追逐、打闹、嬉戏;行走时要专心,注意周围情况,不要东张西望、边走边看书报或做其他事情。

(6)雨天、雾天或雪天行路时,要穿鲜艳的衣服和雨衣,以便机动车司机及早发现,要小心路边无盖井口,积水漫过时容易坠入。

(7)晚间行路选择有路灯的地方,提防停在路边的车辆突然启动。

3. 乘车交通安全

(1)骑自行车安全

①红、黄灯亮时,自行车应停在停车线内,不能闯红灯。

②自行车应在非机动车道上骑行,没有非机动车道的靠右边行驶。

③不准骑车带人,人行道上不准骑自行车。

④自行车不准抄近逆行,不准闯入快车道。

⑤转弯时,不准抢行猛拐,转弯前应减速慢行,看清左右及后方,伸手示意后再通过。

⑥横穿四条以上机动车道时,要推车行走。

⑦不准两人以上骑车并行,骑车时不准互相追逐打闹。

⑧骑车时,不准双手离把,不准曲线行驶,不准扒着机动车骑行。

⑨骑车途中遇雨,不要为了免遭雨淋而埋头猛骑。

⑩雨天骑车,最好穿雨衣、雨披,不要一手持伞,另一手扶把骑行。

⑪雪天骑车,自行车轮胎不要充气太足,这样可以增加与地面摩擦,不易滑倒。

⑫雪天骑车,要选择无冰冻、雪层浅的平坦路面,不要猛捏车闸,不急拐弯,拐弯的角度也应尽量大些。

⑬雪天骑车,应与前面的车辆、行人保持较大的距离。

⑭雨雪天气,道路泥泞湿滑,骑车时精力高度集中,随时准备应付突发情况,骑行的速度要比正常天气时慢些才好。

(2)公共汽车

①上、下车时要有秩序不要拥挤。

②若车内乘客稀少,坐距离司机较近的位子。

③乘车途中不要睡觉。

④儿童在行驶的车内不要跑跳、打闹。

⑤发觉可疑人或可疑物,或遇到骚扰,应通知司机或售票员,并撤离到安全位置。

(3)出租车

①早间或夜间搭车,要记住车牌号、运营公司标志、运营证号码等信息;老年人、女士、孩童不要独自搭乘出租车。

②在照明充足的地方等车。

③乘车途中不要睡觉。

④选择车辆搭乘,不搭乘装潢怪异、玻璃窗视线不明、车号不清的车辆。

⑤若与司机言谈,勿谈个人生活作息、家中财产状况等情况。

(二)铁路交通安全

1. 行人和车辆通过铁路道口时应注意

(1)行人和车辆在铁路道口、人行过道及平过道处,发现或听到有火车开来时,应立即躲避到距铁路钢轨 2m 以外处,严禁停留在铁路上,严禁抢行超过铁路。

(2)车辆和行人通过铁路道口,必须听从道口看守人员和道口安全管理人员的指挥。

(3)凡遇到道口栏杆(栏门)关闭、音响器发出报警、道口信号显示红色灯光,或道口看守人员示意火车即将通过时,车辆、行人严禁抢行，必须依次停在停止线以外，没有停止线的，停在距最外股钢轨 5m（栏门或报警器等应设在这里）以外，不得影响道口栏杆（栏门）的关闭，不得撞、钻、爬越道口栏杆（栏门）。

（4）设有信号机的铁路道口，两个红灯交替闪烁或红灯稳定亮时，表示火车接近道口，禁止车辆、行人通行。

（5）红灯熄白灯亮时，表示道口开通，准许车辆、行人通行。

（6）遇有道口信号红灯和白灯同时熄灭时，需停车和止步瞭望，确认安全后，方准通过。

（7）车辆、行人通过设有道口信号机的无人看守道口及人行过道时，必须停车或止步瞭望，确认两端均无列车开来时，方准通行。严禁在铁路路基上行走，乘凉、坐卧钢轨。严禁在站内或区间内铁路上逗留、游逛、穿越或捡拾物品。严禁扒车、钻车、跳车和无票乘车。铁路桥梁和铁路隧洞禁止一切行人通过。

2. 乘坐火车注意事项

（1）按照车次的规定时间进站候车，以免误车。

（2）在站台上候车，要站在站台一侧白色安全线以内，以免被列车卷下站台，发生危险。

（3）列车行进中，不要把头、手、胳膊伸出车窗外，以免被沿线的信号设备等刮伤。

（4）不要在车门和车厢连接处逗留，那里容易发生夹伤、扭伤、卡伤等事故。

（5）不带易燃易爆的危险品（如汽油、鞭炮等）上车。

（6）不向车窗外扔废弃物，以免砸伤铁路边行人和铁路工人，同时也避免造成环境污染。

（7）乘坐卧铺列车，睡上、中铺要系好安全带，防止掉下摔伤。

（8）保管好自己的行李物品，注意防范盗窃分子。

(三)航空交通安全

1. 飞机旅行防病须知

(1)防晕机。晕机呕吐是平衡器官紊乱,身体适应较差的缘故,一般只要保持镇静,排除杂念,服些防晕车船药就会平安无事。如果知道自己可能会晕机,最好在登机前15分钟服药。

(2)防旧病突发。飞机起飞、降落、上升、下降、转弯、颠簸等飞行姿态的变化,以及飞机在穿越云层时光线明暗的快速变化,会刺激一些疾病发作。由血栓或出血引起的脑病患者,绝对不要乘飞机;重度脑震荡患者应有专科医生随行并采取有效防范措施;轻度脑震荡患者应随身带些镇痛药;患有血管硬化症的老年人在登机前可服少量镇静药,感冒流涕和鼻塞不通的患者最好不乘坐飞机,因为咽鼓管阻塞有鼓膜穿孔的危险。

(3)防航空性中耳炎。预防的有效措施是张嘴和吞咽。张着嘴或一个劲地吞口水,当然也能起预防作用,但毕竟欠雅观。所以航班上一般都忘不了给每位旅客送一小包包装精美的糖果,这道理就在其中。嚼几粒糖果,或嚼几块口香糖使咽鼓管常开。嚼吃是预防航空性中耳炎的最有效办法,也是最令人轻松愉快的措施。若感觉症状仍未消除,可用拇指和示指捏住鼻子,闭紧嘴巴,用力呼气,让气流冲开咽鼓管进入中耳空气腔而消除耳闷、耳重、耳痛等症状。

2. 乘机注意事项

(1)选择最佳航空公司的飞机和最佳航空路线。当有1条以上的航线时,要选择最短的、直达的或中转次数最少的。

(2)赶赴机场的时间应留有充分的余地,不可匆忙赶路,应在飞机起飞前30分钟办理完登机手续。

(3)进入隔离区时,要遵守规定,自觉地接受安全检查;在候机厅,要遵守秩序,不得追跑、打闹。

(4)随身携带的物品中,不得夹带禁运、违法和危险物品(包括易燃物、易爆物、腐蚀物、有毒物、放射物品、可聚合物质、磁性物质、成瘾药物及其他违禁品）；不要为陌生人捎带行李物品。

（5）要按顺序登机和下机；进入机舱内应对号入座坐好，听从机上工作人员安排，系好安全带，不要随意更换座位；要认真阅读机上的《安全须知》，了解机上的安全设施、设备及其位置；要弄清所坐位置到安全出口的路线和距离。

（6）飞机在起飞和飞行过程中，不得使用电子电气设备（包括移动电话、寻呼机、游戏机、手提电脑、调频调幅收音机等），禁止吸烟。

（7）在正常情况下，不得擅自动用机上的应急出口、救生衣、氧气面罩、防烟面罩、灭火器材等救生应急设施、设备和标有红色标识的设施。

三、旅游安全

旅游是一种以度假观光，考察求知，健身娱乐等为目标的社会活动。这项活动，既是人们体育锻炼的良好方式，也是休闲娱乐走向大自然的有益活动。旅游安全知识既是保障旅行者自身安全之必备，又是保障他人和社会安全之必要，更是构建和谐安全社会文化之必需。

（一）人身安全

为了保障人身安全，首先必须学会用法律武器维护自身的合法权益。为此，旅游者出行前，应掌握以下几方面的维权常识。

1. 与旅行社（组织者）签订合法有效的旅游合同，明确各方相关权利和义务。要特别明确发生意外事故时的责任承诺。为此，建议旅游者尽可能投保旅游人身意外保险。

2. 向损害其合法权益的旅游经营者要求赔偿或者补偿。

3. 向损害其合法权益的旅游经营者所在地或者损害行为发生地的旅游行政管理部门或者有关部门和组织投诉。

4. 对于向主管部门投诉无效的损害旅游者权益的事项，可向人民法院起诉。

5. 外出旅游应根据个人年龄特点和体质状况选择旅游路线和旅游项目，如果时间允许，应尽量避开旅游高峰期出游。

6. 外出旅游应掌握预防疾病的相关知识，不到传染病疫区去旅游。

7. 外出旅游应事先掌握目的地的天气情况，及所乘用的交通工具的安全状况，并提前了解预防突发自然灾害和有关意外事故的相关预防措施及自救方面知识。

8. 外出旅游要带齐身份证等相关证件。应带足带全各类衣物，注意天气变化随时增减衣物。

9. 自驾车旅游，出行前要全面检查并保养车辆，避免故障车辆上路，并带齐车辆运行相关证件。

(二)起居安全

旅行者在旅行过程中安排好起居，是旅行者在旅行中享受安逸、适时调节心理、生理素质，保持良好的游览兴趣的重要环节。因此，在旅游起居方面应掌握以下几方面的安全常识。

1. 最好选择卫生和安全条件较好的旅馆居住，建议选择由旅游主管部门指定的星级宾馆、饭店，最好是到品牌饭店居住。

2. 入住宾馆、饭店后，需观察房间门后所张贴的安全疏散示意图，熟悉宾馆、饭店内各安全通道的位置。

3. 入住宾馆、饭店后，切勿在床上吸烟，勿在房间生火煮食、自接电线、电源。

4．入住宾馆、饭店勿携带易燃、易爆、有毒等危险物品和违禁物品。

5．巧遇住所发生火警时，切勿使用电梯，应迅速从最近的安全通道撤离。逃生时，用湿毛巾捂住口鼻，并匍匐前进，以免吸进浓烟。

6．睡觉时注意关好门，外出时锁好门。

7．如果与不认识的人同住一间房，既要注意文明礼貌，热情大方，又要提高警惕，不要轻信他人。

8．如果是在野外扎营，应选择地势高、视野开阔，干燥背风的地方，不要在干枯的河床或河岸上扎营，营地还应选择离水源较近的地方。不要在有风的山顶、谷底和深不可测的山洞中扎营。如果在野外使用帐篷住宿过夜，应在帐篷的周围撒上石灰粉，防止夜宿时蛇虫进入帐篷。

9．每次退房前，要认真检查房间有无自己遗忘的物品，并检查自己的行李，看是否带齐，特别是要检查自己的证件和贵重物品是否遗落。

（三）饮食安全

外出旅游要特别注意饮食安全，否则，不仅仅身心受到伤害，更会使游兴大减。因此，旅行过程中应在饮食方面注意以下几方面安全常识。

1．外出旅游要注意饮食卫生，到卫生条件较好的餐饮店用餐，建议用餐实行分餐制。

2．旅途购买食品时应注意食品卫生，防止发生旅途腹泻等疾病。

3．在野外自己做饭时，更要注意食品卫生，不要吃半生不熟食品，以免引发肠道等其他疾病。

4．外出旅游应自备预防感冒、腹泻等易发疾病药品。

5．购买食品应到正规商场，购买时应注意保质期，尽可能不要品尝或购买个体摊点经营的食品。

6. 到少数民族或宗教商场、饭店就餐,要尊重他们的习惯,不能以自己的嗜好要求他们,以免引起不必要的麻烦。

(四)财物安全

财物安全是旅行顺利进行的物质保证,一旦发生意外,将严重影响旅程,因此,旅程中应十分注意自己的财物安全。

1. 外出旅行,尽量不要带贵重物品以防意外丢失。

2. 旅行中的财物,特别是贵重物品要随身携带,一般行李可交旅行社寄存起来。

3. 外出购买商品,不要带大量现金,以免被盗或丢失。

4. 携带现金外出游玩,不要集中放在一个兜中,应分散装带。

5. 购买商品要学会砍价,卖方叫价不要随意相信,要货真价实,以免上当购买劣质商品浪费资财。

(五)旅行安全

在旅行过程中,参加的相关游乐项目,要根据项目特点和场地,注意相关安全常识。

1. 到娱乐场所游玩,首先要留心安全通道位置,以备发生紧急情况时逃生。要自觉维护公共秩序,注意避开秩序差的人多拥挤场合,以免丢失财物或因拥挤造成踩踏伤人。

2. 到景区(点)游玩时,应严格遵守景区(点)设置的安全提示和安全警示标志。特别是乘用滑梯、索道等应先阅读相关注意事项后,再决定是否参与该项目游玩。

3. 游览过程中若发生意外事故,不要惊慌失措,应及时求助邻近游客和相关部门。

4. 遇雨天,雷天,山路,险坡等特殊情况,应特别注意行路安全。不要冒失走险路,以免因浮土活动,石头路滑,视线不清而失足滑跌。

5. 从事水上娱乐项目活动,应穿戴救生衣和其他救生设备。

6. 参加漂流、探险、蹦极、登山、缆车等危险性较大的旅游项目时,应严格遵守有关安全事项。患病者及孕妇、老年人、小孩或残疾人等不宜参加上述活动。

7. 参加登山活动,应注意以下安全事项。

(1)要合理携带行进用具,最好带上拐杖、绳子和手电筒。

(2)要根据个人体质量力而行,有心脏病的人,不应攀登高山,即使要登小山也应随时携带急救药品,并有同伴随行。

(3)天黑以前,一定要到达预定目的地,以免夜间露宿造成诸多不便。

(4)雷雨天时要防雷击,不要攀登高峰,不要手摸铁索,不要在树下避雨。

(5)不要穿高跟鞋或塑料底鞋登山,登山休息或汗流浃背时要披上暖和衣服,防止受凉感冒。

(6)大风天气,要远离悬崖,在山崖下要提防石头等坠落物。

(7)不要带火入山,更不要在山林吸烟、野炊,以防山林失火。

(8)要防毒虫(蛇)咬及猛兽袭击。在山林中穿行,要注意穿厚的鞋袜,扎好裤脚,上衣的领口,袖口,衣边要适当加以扎束。最好拿一根木棍,既可打草惊蛇,防蛇咬,也可当拐杖或防护工具使用。

(9)在深山老林中行走,要注意防止迷路,特别是在阴雨或大雾天气。最好找个向导,不要单独行动。为了防止迷路,可每隔几步在同一个方向上做上不易消失而又明显的记号,以便返回时识别。